珠宝首饰设计方略

设计魅力

叶金毅
陆莲莲 编著

U0363244

上海科学技术出版社

图书在版编目（CIP）数据

设计魅力：珠宝首饰设计方略／叶金毅，陆莲莲编著 . —上海：上海科学技术出版社，2015.11
ISBN 978-7-5478-2643-0

Ⅰ . ①设… Ⅱ . ①叶… ②陆… Ⅲ . ①宝石－设计
②首饰－设计   Ⅳ . ①TS934.3

中国版本图书馆 CIP 数据核字（2015）第 100438 号

设计魅力
珠宝首饰：设计方略
叶金毅　陆莲莲　编著

上海世纪出版股份有限公司　　出版
上 海 科 学 技 术 出 版 社
（上海钦州南路 71 号 邮政编码 200235）
上海世纪出版股份有限公司发行中心发行
200001　上海福建中路 193 号　www.ewen.co
上海中华商务联合印刷有限公司印刷
开本 889×1194　1/16　印张 16.25
字数 250 千字
2015 年 11 月第 1 版　2015 年 11 月第 1 次印刷
ISBN 978-7-5478-2643-0/J·38
定价：85.00 元

谨将此书献给我们的女儿

—— 黛璐小姐

陆莲莲
中国工艺美术大师
高级工艺美术师

前 言

从事珠宝首饰业至今已近四十载，较长时间在创作、设计各类珠宝首饰作品，并带教学生，期间经常出现一些问题：怎样才算是一位成功的珠宝首饰设计师？是作品多、获奖多、则成之？还是技法好、销量高则成之？如若以这些结果作为评判标准，那么设计师的个性怎样评估？成功的标准又谁来执掌？是评委，还是消费者？

随着这些年我国珠宝首饰业的发展，对设计师的需求日趋殷切，从大学、高职，到中专、技校都纷纷开设了珠宝首饰设计及制作的相关专业，在这些院校的学生中，不少人都希望自己未来成为一名珠宝首饰设计师。我们也曾去一些大专院校授课，甚至作为专业人士，为地方或国家部委编撰过职业标准、鉴定标准和职业教材。但要回答上述的诸多问题，无论是现有的标准、教材，还是培育模式、方法，其答案都存在不尽如人意的地方。例如，毕业的学生到了企业，无法适应实际需要，没有多长时间，不少人都改了行，即便在岗位上，成绩也不甚理想。那些已成为珠宝首饰设计师的，长年累月在创作、创意上突破不了传统的桎梏，抄袭、模仿成了一大

诟病，以及虽然较长时间在设计岗位上，但徒有美名，内心十分疲惫，却又不忍放弃，求进愿望已大减，落入了画稿匠的境地，离一个成功的珠宝首饰设计师有着不小的距离。

我们认为出现以上这些情况，既有客观原因，也有主观原因。客观原因是：珠宝首饰设计这门学科，在我国历史短，底蕴浅，文化薄。比之一些珠宝首饰业发达国家，产业基础弱，市场发育不健全，发展道路崎岖。因此，造成人才基础不够深层，文化积累不甚深厚，研究探索不够深入。主观原因是：人为将珠宝首饰设计学科简单地作为工具化的表现手段，从课程设计到培养方法都没有按学科的特殊性设置和教育，只强调会画，而不注重内涵的升华，更不突现人文的意韵。譬如，不少珠宝首饰设计教材，通册都是搬移美术、电脑教材内容，只字不提珠宝首饰设计的终极目标——对人的关注，对社会的影响，以及对文化的阐述。同时，作为珠宝首饰设计师本身，也没有自觉地意识到这种缺陷，从而有效地改变现状，加强自我修缮和塑造，而是形成了只要会

叶金毅
高级工艺美术师

画图案、纹样，都可以成为一名珠宝首饰设计师的错误理念。

　　鉴于这种情况，我们想把这些年对于上述诸多问题的思考、分析、探索与大家进行交流。为了使大家在阅读时方便、有效、集中，本书将从珠宝首饰设计的整体概念出发，先通过珠宝首饰设计知识的认识，形成概念的基础；然后，再通过珠宝首饰设计表达方法、重点要求的掌握，作为概念的内涵；接着，通过珠宝首饰设计创作特点、成就提升的剖析，作为概念的外延；最后，通过珠宝首饰设计师价值体现、魅力追求，作为判断及推理，由此建立一定的思维方式。将知识、方法、作品、设计师四方面形成珠宝首饰设计的一个完整体系，来深入注解关于珠宝首饰设计的概念。事实上，它们之间本身具有内在的逻辑关系：知识是了解概念不可或缺的启蒙，方法是表达概念非常有效的利器，作品是解释概念最为形象的尤物，设计师是创造概念并不断发展的使者。因此，这四者就成了我们的探究命题。

　　每个致力于成为珠宝首饰设计师的人，总是怀揣梦想与理想，认为珠宝首饰设计师是一种非常体面、受人尊敬的职业，并愿意为之而奋斗。这种对于目标的设想应该加以肯定，不过在你没有阅读本书前，你可能还不完全了解珠宝首饰设计师应该具备怎样的正确知识和准确方法。同样，当你在设计创作产品的时候，可能还不知道如何合理表现与完美表达；或许，你还没有自觉地彰显设计师的价值追求及风格魅力。这样对你实现目标会产生较大的阻力，如前所述的现象就会不断出现。

　　我们希望大家成为名副其实的珠宝首饰设计师，并在设计创作实践时，不因教科书中未曾涉及的知识而影响设计创作水平及发展。相信这种善意能被大家接受，渐而产生启迪、参考、帮助之作用。读者从我们的简述中，可以知晓本书不是教科书式的培训材料，而是朋友式的交流，沙龙式的闲聊，同仁式的恳谈，你可以把它作为工作之余的茶歇，或扩展了解珠宝首饰设计的钥匙。作者非常希望大家重视对中国珠宝首饰设计学科的研究和探索，以共同推进该学科的发展与繁荣。

目录

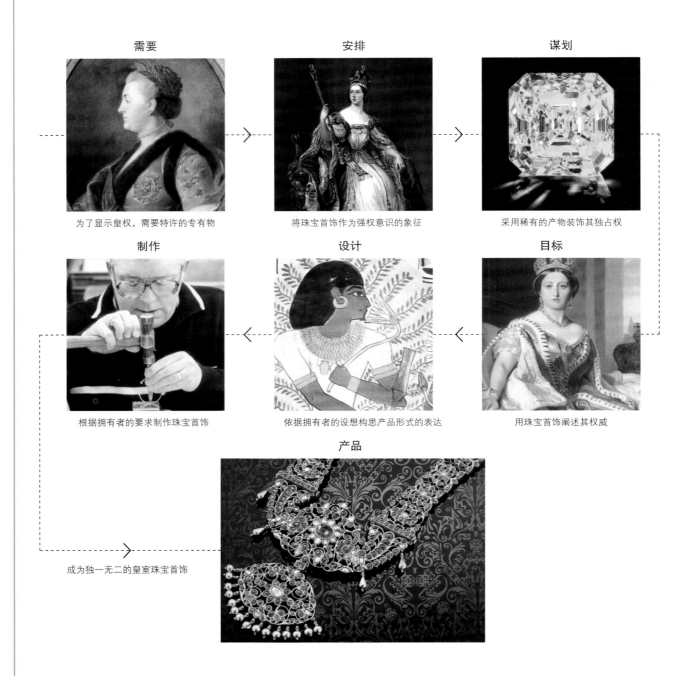

需要
为了显示皇权，需要特许的专有物

安排
将珠宝首饰作为强权意识的象征

谋划
采用稀有的产物装饰其独占权

制作
根据拥有者的要求制作珠宝首饰

设计
依据拥有者的设想构思产品形式的表达

目标
用珠宝首饰阐述其权威

产品
成为独一无二的皇室珠宝首饰

古代珠宝首饰设计与产品的流程图

方略一
建立完善的思维

闲情寄于天地间
——关于珠宝首饰设计的本原

　　对于珠宝首饰，就我们现在的认识来说，似乎都是通过设计师设计，而后经过加工才制成的。然而，观其历史，珠宝首饰和珠宝首饰设计并非一开始就联手共携的，为什么呢？"设计"在汉语中可分为两个部分："设"是布置、安排，"计"是策略、谋划，即先根据要求安排目标，而后制定方法和程序去实现目标，因此，总体上来讲，是一个设想与计划的过程。早期的珠宝首饰（非原始首饰）不是先由专门的设计师设计，再由制作者按图稿来制作而成。因为当时珠宝首饰是皇宫贵族的特许专有物，许多时候不是用来装饰的，而是用于显示其尊贵的地位和对稀有产物的独占权力，珠宝首饰变成了强权意识的象征，它所要表达的是权势涵义，而这种涵义往往只有拥有者才能权威地阐发，任何其他设计者都不能想象和了解，珠宝首饰的设计者就是其拥有者本身。由此可知，珠宝首饰在相当长的一段时间里是特权阶层所垄断的物化符号，这种状况中外皆是。我国清代学者李渔在《闲情偶寄》中写道："至于玩好之物，惟富贵者需之，贫贱之家，其制可以不问。"在西方，13世纪时，法国甚至明令禁止所有女人佩戴钻石首饰，包括公主、贵族和仕女。当然，没有珠宝首饰设计并非就没有珠宝首饰，手工艺工匠还是能根据主人的意图来制作珠宝首饰，但这一行为与创作设计还是有着极大差异的，故我国最早的工艺史《考工记》中就有"创物"和"造物"之分，"创物"者是知（智）者，"造物"者是工匠。

　　设计的概念最初产生于意大利，它有两层含义，一层是描绘的意思，另一层是创作的意思。而现代的设计概念是指任何标的物的形成和

　　珠宝首饰和珠宝首饰设计并非一开始就联手共携的，为什么呢？"设计"在汉语中可分为两个部分："设"是布置、安排，"计"是策略、谋划，即先根据要求安排目标，而后制定方法和程序去实现目标，因此，总体上来讲，是一个设想与计划的过程。

　　设计的概念最初产生于意大利，它有两层含义，一层是描绘的意思，另一层是创作的意思。而现代的设计概念是指任何标的物的形成和实现。

文艺复兴时期风格的珠宝设计

工业革命时期风格的珠宝设计

完整的珠宝首饰设计形成分为两个阶段，一个是文艺复兴时期，另一个是工业革命时期

实现。有效的设计是指采取任何手法以获得一定的预期结果，避免不需要的结果。由此可知，珠宝首饰的设计是以珠宝首饰为对象，并对这一对象进行设想和创作，按照设定的程序要求、方式方法实施加工，最终形成产品。

　　完整的珠宝首饰设计形成可以分为两个重要阶段，一是文艺复兴时期（14～17世纪），二是工业革命时期（19～20世纪初）。前一个阶段是由文艺复兴起源地——意大利产生的，它传承了中世纪以来的欧洲古典艺术设计方法，并结合了人文主义的要求，特别是在艺术上采用了大量的结构性革命，如色彩学说、光学原理、透视结构、比例变化、审美情趣等，进而产生了珠宝首饰设计师职业和珠宝首饰行业。那时，整个欧洲拥有相当的人数从事这一行业，一些著名的艺术家都参与珠宝首饰的设计与制作，如波提切利、基尔兰达约、皮萨奈罗、切利尼等。他们为皇室贵胄、宗教僧侣、上流阶层、贵妇名媛等各级人士设计、制作珠宝首饰。

　　后一个阶段是由工业革命诞生地——英国掀起的，名为"艺术与手工艺运动"。它是一场针对工业革命初期，艺术设计领域出现粗制滥造的产品，企图通过复兴传统手工艺，重建艺术与设计紧密联系的产品设计运动。随着这场被认为是现代设计艺术开端运动的发展，在被尊为"现代设计之父"威廉·莫里斯的影响下，在20世纪初引发的"包豪斯"设计运动中达到巅峰。1919年，德国魏玛成立了包豪斯学院，这所设计学院仅仅200人左右，但从那里孕育出的现代设计概念却为现代设计指明了方向。人们开始直面工业化大生产汹涌而来的现实，努力寻求设计的造型，在此基础上诞生的新型设计以实现功能为目标，最终以"新艺术运动"名义出现的艺术思潮风起云涌，席卷全世界。应该说当今一些著名珠宝首饰品牌都是在那一时期先后建立起来的，如卡地亚、宝格丽、梵克雅宝、蒂芙尼等。

　　回望珠宝首饰设计的历史，我们可以清晰地看到，它的进化实际上是与人类文明进步连在一起的。这个文明包括两部分，一部分是物质生产的进步，另一部分是人类自身需求的提高。从发现黄金、铂金、白银，到钻石、翡翠、红蓝宝石，先是由于稀罕难得，为特权阶层垄断占有，

　　完整的珠宝首饰设计形成可以分为两个重要阶段，一是文艺复兴时期（14～17世纪），二是工业革命时期（19～20世纪初）。前一个阶段是由文艺复兴起源地——意大利产生的，它传承了中世纪以来的欧洲古典艺术设计方法，并结合了人文主义的要求，特别是在艺术上采用了大量的结构性革命。

　　后一个阶段是由工业革命诞生地——英国掀起的，名为"艺术与手工艺运动"。它是一场针对工业革命初期，艺术设计领域出现粗制滥造的产品，企图通过复兴传统手工艺，重建艺术与设计紧密联系的产品设计运动。

包豪斯的设计理念

将包豪斯设计理念运用于首饰设计

20 世纪初的 "包豪斯" 设计运动确立了现代设计的概念

而后不断发现和挖掘，享有者的范围渐渐扩大；之后又经大规模的开采和工业化生产，进入商业领域，成为大多数人都能享用的产品。同时，人们起初将珠宝首饰视为权势的象征，随着使用者的增多，又化为一种财富的炫耀或身份的显示，最后又演变成一种审美的需求。

当然，人类文明的进步是不会停下脚步的，今天我们对物质生产和精神文化的需求比任何时候都要强烈。走进珠宝首饰店，五光十色的珠宝、金光灿烂的首饰，几乎可以满足大部分人的选择，但面对林林总总的产品时，我们是否清楚地知道选择甲款，抑或乙款的理由？是因为价格，还是因为被造型吸引了？或者是被色彩以及工艺征服了？透过这些行为，背后表达了人们怎样的心绪？可能许多人并不会去深入思考真正的答案，但作为珠宝首饰设计师却是需要去思考的，因为找到答案就能最大程度地去满足、迎合人们的需求。

进入 20 世纪以后，珠宝首饰设计师已经成为珠宝首饰行业的灵魂，几乎任何产品都是经过设计后，才被确立以至最终成形的。但是，我们的设计师是否想过：作为灵魂人物需要怎样的理念才能担负这份责任呢？我们能否厘清以下这些问题：人类为什么需要首饰；当今社会需要什么样的首饰；设计师能创造怎样的首饰满足人类的需要。作为一种物质形式，珠宝首饰看似是用珍贵材料制成的，可它既不能果腹，又不能蔽身，却有那么多人去使用它。我们认为：因其诞生之日起，就有一种精神与意愿渗透其间，无论是权势意识、地位观念，还是财富象征、审美情趣，都与实用功能相去甚远，人们创造它是想用物质的载体来表达精神的内涵。

今天，当我们想要成为一名珠宝首饰设计师的时候，首先应该考量一下，自己是否已经拥有了丰富的精神世界，如果心中没有这个精神世界，那么你表达的内容和形式终将是十分空虚和贫乏的。因为珠宝首饰是一种精神的物质体，精神是它的根本内核，物态是它的外在形式，如果是没有"神"采的"形"体，将会落入无本之木、无源之水的境地。

我们都知道中国的消费者喜欢购买黄金首饰，固然是由于黄金有保值、增值的功能，但是为什么长辈要赠送给小辈黄金饰品呢？难道这点黄金能有很高的增值性，会为他们带来丰富的财富？其实，这里的黄金

进入 20 世纪以后，珠宝首饰设计师已经成为珠宝首饰行业的灵魂，几乎任何产品都是经过设计后，才被确立以至最终成形的。

作为灵魂人物需要怎样的理念才能担负这份责任呢？我们能否厘清以下这些问题：人类为什么需要首饰；当今社会需要什么样的首饰；设计师能创造怎样的首饰满足人类的需要。

珠宝首饰是一种精神的物质体，精神是它的根本内核，物态是它的外在形式，如果是没有"神"采的"形"体，将会落入无本之木、无源之水的境地。

梵克雅宝

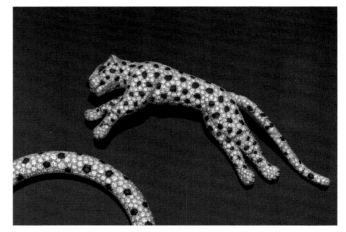

卡地亚

蒂芙尼

宝格丽

以卡地亚、蒂芙尼、宝格丽、梵克雅宝领衔西方珠宝首饰设计的开端

饰品只是象征意义，仅代表财富的物化性，而真正的含义是告诉对方，要珍惜这财富的来之不易。他们是用自己的价值观在表达对财富的认识，甚至用自己积蓄下来的货币换成另一种货币的形式（黄金是硬通货）。同时，在形式（或款式）的选择上，则带着他们的精神寄托，"长命百岁""福、禄、寿、禧"，这些中国文字符号的背后是希冀有一个美好的未来，这才是它的精神指向。通过用黄金般珍贵的材料来铸就内心愿景，并以饰品的形式来传递。这种情形和绘画、雕塑、音乐、舞蹈有着异曲同工之处，形式不同，可表现的始终是人的内在精神世界。

由此可知，珠宝首饰设计的本原是用珠宝首饰的语言，去描绘人们内心丰富的精神需求。从这一本原出发，我们可以找到无限可能的表达空间。《周易》云："观乎人文，以化成天下。"如果说珠宝首饰是人类发明的一种精神载体，那么人类的一切精神都应该在这个载体上有所表现，关注人类，就必须观乎人文，这样你才能对天下有一种认识。从爱情表达、亲情呈现，到婚姻纪念、成功励志；或从美丽化身、梦想寄托，到身份标志、情感愉悦；或从鲜花绿草、宗教信物，到自然景象、抽象造型的托物言志，无一不可在首饰中表达。真是闲情寄于天地间，美妙化于首饰上。

珠宝首饰设计的本原是用珠宝首饰的语言，去描绘人们内心丰富的精神需求。从这一本原出发，我们可以找到无限可能的表达空间。

如果说珠宝首饰是人类发明的一种精神载体，那么人类的一切精神都应该在这个载体上有所表现，关注人类，就必须观乎人文，这样你才能对天下有一种认识。

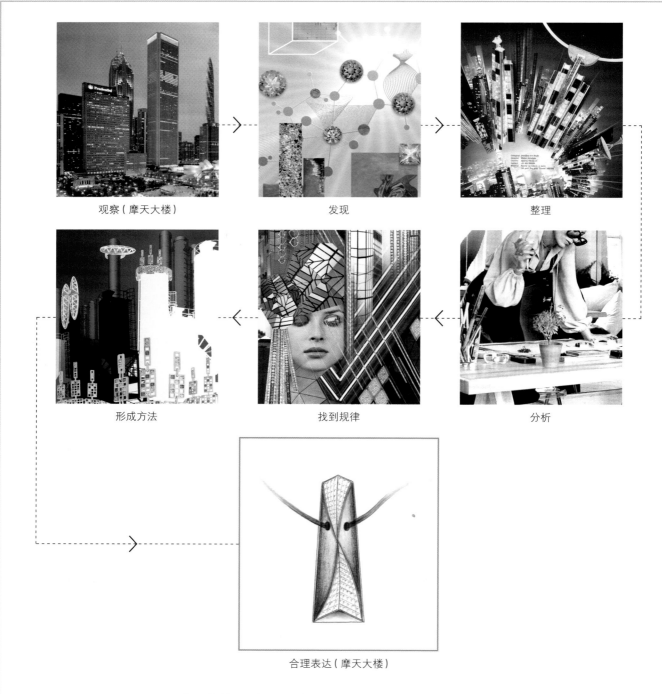

观察（摩天大楼）　　　　发现　　　　整理

形成方法　　　　找到规律　　　　分析

合理表达（摩天大楼）

珠宝首饰设计是由感性认识出发，到理性认识结束

千转百回寻梦去

——关于珠宝首饰设计的思维

　　我们曾经在许多场合被问到：珠宝首饰设计师是用什么方法来进行设计的？有什么具体的程序？抑或有什么捷径和诀窍？现在我们就这些问题进行一些探讨，以帮助那些想成为珠宝首饰设计师的人士了解和思考。以上所提，若用规范的词语进行归纳，即珠宝首饰设计师的思维逻辑与思维方式是怎样的。人与其他生物的最大区别是拥有自觉的思维，科学家对大自然生物的考察过程中，发现某些生物（如狒狒）也有一定的思维，但经过仔细研究分析后，得出的结论是，它们的思维极其简单，甚至属于本能，它们决无人类那种清晰的逻辑性和缜密性，也就是说缺乏主动意识。

　　人的思维形式分为两个层面，一个是感性认识，另一个是理性认识，整个思维过程是从感性认识开始，到理性认识结束，通过人脑对客观事物的反映，然后有意识地进行概括、整理，即进行逻辑思维或形象思维，最后达到认识事物的本质、规律。根据这一原理，珠宝首饰设计的思维过程应是：观察—发现—整理—分析—找到规律—形成方法—正确表达，这就是珠宝首饰设计的一般程序。依照这个程序我们先要深入生活实际，即通过仔细观察，了解珠宝首饰的基本概念，如形式特点、使用要求、材料性质、工艺结构；接着要去发现形式中的差异，使用中的变化，材料中的分别，工艺中的区别；进而是对形式的归纳，使用的总结，材料的分类，工艺的整理；而后是对形式进行解析，对使用进行剖析，对材料进行辨析，对工艺进行分析；由此可以得到对形式的完整理解，使用的全面认知，材料的深入了解，工艺的规律明晰；在这个基础上产生对形式的正确表述，对使用的充分考虑，对材料的运用自如，对工艺

　　人的思维形式分为两个层面，一个是感性认识，另一个是理性认识，整个思维过程是从感性认识开始，到理性认识结束，通过人脑对客观事物的反映，然后有意识地进行概括、整理，即进行逻辑思维或形象思维，最后达到认识事物的本质、规律。根据这一原理，珠宝首饰设计的思维过程应是：观察—发现—整理—分析—找到规律—形成方法—正确表达，这就是珠宝首饰设计的一般程序。

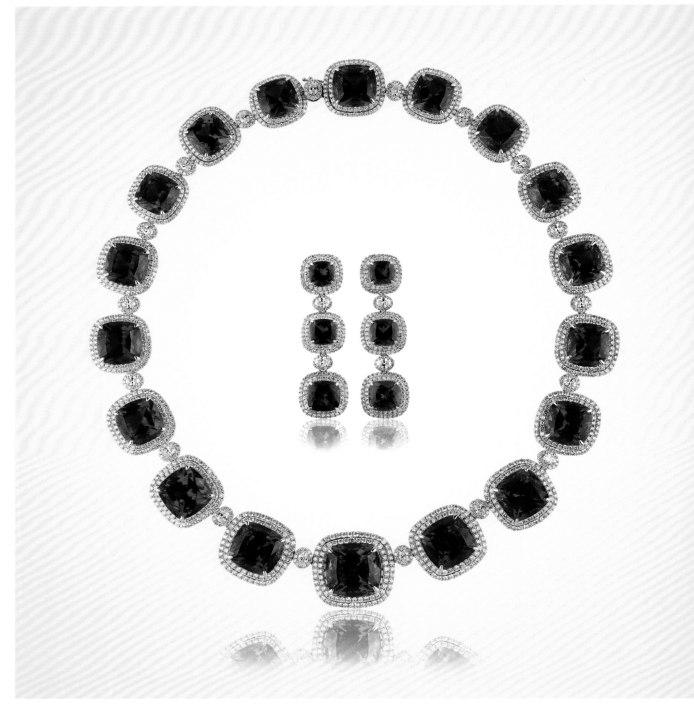

运用排列的规律进行产品设计

的全面掌控；最后，创作出形式具有鲜明特色、使用便捷合宜、材料合理匹配、工艺精湛美观的作品。

对此我们不能简单地认为，懂得程序就自然会设计出完美的作品。事实上，程序只是提供一种行进的路线图，对每一个步骤实施的效率不同，结果就会大相径庭。这如同我们都是从小学、中学、大学一路走来，可最终有的学有所成，有的却半途而废，或学无所成，就是因为学习的效率不同。因此，在这里我们就执行程序过程中的相关问题做一些补充阐述。

在思维的感性认识阶段，特别在观察与发现阶段，我们必须抓住一个关键问题——认识真相。许多时候大家在观察时不够仔细，忽略了事物的真相，如在视察产品时，对其结构、比例、形状、纹理一扫而过，没有深入考量它们之间的关系，这样对后面程序执行会出现基础性视差。再者，用何种角度观察，用何种观察方法，都会形成对事物的不同观察结果，如对一些细部仅凭目测，而不用专业的装备和工具，这样得出的结果往往是模糊而不准确的，由此会造成在归纳分析时数据的差异。凡此种种，都是在执行程序的步骤时效率不高，从而不能发现事物的真相。

从理性认识阶段来说，抓好几个关键，一是整理的完善，二是分析的准确，三是表达的合理。通过观察、分析阶段，应该说已经掌握了基本的信息，对于这些信息整理的质量如何，依然是十分重要的步骤，有人对信息一律照单全收，不做去伪存真，整理过程草草了事，如对工艺结构不明就里地自我判断，然后整理成似是而非的结果，这样对以后的步骤一定会造成失之毫厘，差之千里。再者，对步骤分析，必须要学会质疑。古希腊学者奥古斯丁有句名言："如果怀疑，立即去求证。"汉语的"学问"，包括"学"与"问"，如果有了这种精神，对分析大有益处。在分析时，因追问精神的缺乏，再加上信息的准确性不佳，那么，分析的结果一定是有误的。反之，用质疑的态度去分析，即使结论谬误，可以再次去观察，从而发现事物的真相，最后把握准确的分析结果。有一次我们在讲解 K 金材料时，介绍到 14K 黄金，我们问学员，它的含金量是多少？不少学员回答 58.33%。我们问："这是谁告诉你们的？"

对此我们不能简单地认为，懂得程序就自然会设计出完美的作品。事实上，程序只是提供一种行进的路线图，对每一个步骤实施的效率不同，结果就会大相径庭。

在思维的感性认识阶段，特别在观察与发现阶段，我们必须抓住一个关键问题——认识真相。

从理性认识阶段来说，抓好几个关键，一是整理的完善，二是分析的准确，三是表达的合理。

珠宝首饰设计师的表达是一个较为完整的认识结果

学员说："不用了解，用 24K 制计算就可以得出。"我们要求他们再去车间了解，后来他们才知道是 58.5% 含金量。我们又问："为什么是 58.5% 含金量？"这么一问，大家又查阅了国际标准和它们的由来，并把所有黄金材料含金量问题都搞得水落石出。

对于表达的问题，我们略作详叙。当进行产品表达时，设计者有必要对此前的信息进行整合，提炼要素、酝酿创作，开始进入设计阶段或过程。从理论上讲，设计过程中不同的设计师会采用不同的设计策略，这里面既可能因产品要求的不同（如客户定制与非定制产品），也可能因理解的不同（如代客设计产品与日常产品）而引起差异，对此，我们会在后面专门的章节深入探讨，现就一般的设计过程进行介绍。

珠宝首饰设计的一般过程为：确立概念—做出决策—界定内容—创作作品—反思分析—制作产品—评估优劣。所有珠宝首饰的设计都是从概念开始的，这个概念包括形式、风格、主题、结构等，只有确立了概念后，我们才有内容可以阐述。当概念明确以后，设计师要做一系列决策，其中包括各个组成部分的大小、纹理、色彩、形状等，有时决策会反复，甚至相互替代。例如，先是确定用白银材料，但最终改为黄金材料。界定内容就是将某个确定的概念与决策放入具体的产品中，如设计项链，就必须有一定的长度，且围绕圆心对圆周围设计，可以上下或左右对称结构，同时要考虑佩戴效果，使用的方便与坚固度。这个过程会反复多次出现，需对各种可能性做整合，最后形成有逻辑的产品内容。创作作品就是将最终的想法绘成作品图稿，它要清晰、准确、完整地表达出所有的形态与细节（关于图稿表达方法我们还会专门介绍）。事实上，第一次完稿后是需要仔细审阅的，不管是比例、用材，还是结构、形态，都必须深入思考并推敲，有条件的还要请相关人士共同分析探讨，以便发现缺陷和不足，为修改图稿提供有价值的元素，尽可能设计出满意的作品。产品制成后，我们应该进行一次评估，总结整个设计过程中的完美和不足，以便改进与提高。

在设计过程中，我们经常会遇到一个话题，即设计灵感。有人说："我现在脑子里没有感觉，设计不出什么东西。"也有人说："我想设计一件产品，但总是找不到最好的思路。"确实有这样的情形，从事珠宝

珠宝首饰设计的一般过程为：确立概念—做出决策—界定内容—创作作品—反思分析—制作产品—评估优劣。

概念包括形式、风格、主题、结构等，当概念明确以后，设计师要做一系列决策，有时决策会反复，甚至相互替代。界定内容就是将某个确定的概念与决策放入具体的产品中，这个过程会反复多次出现，需对各种可能性做整合，最后形成有逻辑的产品内容。创作作品就是将最终的想法绘成作品图稿，它要清晰、准确、完整地表达出所有的形态与细节。

设计名: 量限

设计师: 陆莲莲

奖 项: 东南亚国际钻石首饰设计
       比赛最佳优胜奖

设计灵感可以将梦想变成现实

首饰设计有时仿佛像寻梦般，给人一种不可捉摸的感觉，因此，我们会非常羡慕那些大师的作品，他们怎么会有如此不凡的思维？他们的灵感来自何处？

从科学上来讲，灵感属于一种非常特殊的思维形式，它与想象、直觉、意志类似，要形成灵感需要丰富的生活经验积累，还需要丰富的联想意识积淀，不是一朝一夕可以拥有的，需要经年累月的培养。因此，我们不必叹息，只要努力去学习实践，在实践中逐渐积累经验，不断拓宽自己的眼界，不断提高自己的艺术感觉，那么总有一天会找到灵感的。当然，作为一个珠宝首饰设计师，平时应该养成多思索、多创作的习惯，我们认为这是最基本的功课。古人云：日有所思，夜有所梦，所谓的梦想都是我们内心的表露，你的思索越多，你的想象也越多，也许你的某些设想，在不经意中被你捕捉到了，就像灵光乍现，灵感突起，你的美妙作品就出现了，正如"众里寻它千百度，蓦然回首，那人却在灯火阑珊处"，梦想变成了现实。你想要有灵感，那就去靠近它，千转百回寻梦去，只因风物梦中来。

从科学上来讲，灵感属于一种非常特殊的思维形式，它与想象、直觉、意志类似，要形成灵感需要丰富的生活经验积累，还需要丰富的联想意识积淀，不是一朝一夕可以拥有的，需要经年累月的培养。

珠宝首饰设计师要有坚实的职业信念

方略二
拥有良好的素养

十年光阴磨一剑
—— 关于珠宝首饰设计师的学养

近十几年，我国珠宝首饰市场逐步繁荣，国内各种品牌的珠宝首饰销量持续递增，世界各国的珠宝首饰不断登陆我国市场，一些国际著名品牌相继入驻高档商场，使得这一行业广受人们的关注，与之相关的职业教育也蓬勃兴起，不少院校纷纷开设珠宝首饰设计、珠宝首饰鉴定、珠宝首饰制作等专业。不少年轻的学生选择这一行业，特别是珠宝首饰设计，这无疑对我国珠宝首饰业的发展有着积极的作用。但对此现象，大家还是要有清醒的认识：作为一种需要用相当长时间去从事的职业，首先，不能仅凭一时兴致就盲目投身；其次，不可在没有了解这份职业要求及自身禀赋是否相匹配的条件下匆忙加入；再者，绝对不能对其浅陋理解，以为是一份体面、收入颇丰的工作而趋之若鹜。

曾经有一位学了三年珠宝首饰设计的大专学生，去工厂设计图稿时，不知道画三视图；画的立体效果图，是没有透视感的。实在设计不出时，竟然采用幼儿玩弄的魔术模板来画珠宝首饰设计图。后经了解，是因为她的考分上不了正规大学本科，无奈之下才选择了学习珠宝首饰设计。也许大家觉得这是个不怎么用功学习的案例，不过我们还是要问，当你选择这一专业时，有没有自省过？有没有了解过？早知今日，何必当初用钱费力地去学习这门自己无法胜任的专业。

至此，引出一个令人关注的议题：珠宝首饰设计师该是何许人也？我们曾在前面的论述中对珠宝首饰设计的本原做过解释，它是用珠宝首饰的语言去描绘人们内心丰富的精神需求。如果以这个解释去理解珠宝首饰设计师，它至少包含三个方面的内容，一是珠宝首饰的概念；二是珠宝首饰概念的表达方法；三是表达方法和内容与使用者的内心需求匹配性。珠宝首饰的语言，从专业角度讲，就是其形式概念，如我们见

珠宝首饰设计师，它至少包含三个方面的内容，一是珠宝首饰的概念；二是珠宝首饰概念的表达方法；三是表达方法和内容与使用者的内心需求匹配性。

衡量一个珠宝首饰设计师水平高低，就是看其能否在产品与使用者之间构建一个较高的匹配度，匹配度越高则表明设计水平越高。可是要攀上成功的高度，非一日之功所能为。

作为成功的珠宝首饰设计师，仅仅有设计方法是远远不够的。孔子在《论语》中说："志于道，据于德，依于仁，游于艺。"他认为，立志时要有道（正确的理想），同时要靠德（端正的信念），并要依仁（美好的境界），且要有艺（良好的技艺），这样才能成就事业。

到的戒指、耳坠、项链、手镯等。珠宝首饰概念的表达方法，就是林林总总的款式。珠宝首饰表达内容，就是各种造型、纹样、文字及工艺。把这些元素组合起来设计成产品，从而满足人们不同的需要，进而成为使用者内心需求的表达，在这里，最关键的是达到产品与使用者的匹配。由此，形成珠宝首饰设计师的职责目标：为使用者设计他们赞赏和满意的产品。

衡量一个珠宝首饰设计师水平高低，就是看其能否在产品与使用者之间构建一个较高的匹配度，匹配度越高则表明设计水平越高。可是要攀上成功的高度，非一日之功所能为。首先，使用珠宝首饰者的范围极其广泛，男女老幼，无所不包；其次，族群（不同民族）诉求多样；再者，人性情感纷繁，涉及经济、文化、信仰、地域、习俗、用途、审美、心理、年龄、性别等。能在这么庞杂的组合中选对匹配，设计师的学养是至关重要的。

有人说：要成为珠宝首饰设计师，只要将设计方法学会就可以投身了。这句话在理论上是有一定价值的，你不懂设计方法是绝对不能设计出产品来的，可这是你能从事这一工作的前提条件。如果仅凭这一前提条件就能变为一个成功的设计师，那么，人们只要进入珠宝首饰设计专业学习，未来都会有辉煌的成就，这无论从逻辑上，还是现实中都是不成立的。何故？因为它还缺乏必要条件！

作为成功的珠宝首饰设计师，仅仅有设计方法是远远不够的。孔子在《论语》中说："志于道，据于德，依于仁，游于艺。"他认为，立志时要有道（正确的理想），同时要靠德（端正的信念），并要依仁（美好的境界），且要有艺（良好的技艺），这样才能成就事业。归根结底，就是通过一定的修身去获得从事各业的学养，你才能做好事、成就业。也许这个要求对我们有点高，但是，他指出的学养概念的确是我们应该具备的。我们认为没有学养这个必要条件，是很难成为一个真正的珠宝首饰设计师的。

那么，哪些学养是珠宝首饰设计师应该具备的呢？

第一，清晰的职业理想。很多人以为从业是一种选择，甚至有时是无奈的，谈理想有点奢侈。但事实上，所有在事业或职业上取得成绩者，都需要培育清晰的职业理想。因为理想是成长的标杆和目标，有了标杆和目标，就知道自己前进的方向，不会迷失在途中。如果你是刚刚进入或准备进入这一行业，对此不甚了解，目标也并不清晰，这是可以理解的，我们可以花时间逐步去构建，但不能缺失培育和建立。有了理想可以帮助你在成长过程中拥有克服困难的信心，也为你在发展过程中提供强大的动力。

当然，坚信理想是需要勇气与毅力的。现实中，许多出色的设计师穷尽一生追求，才达到职业高峰，在攀登高峰的道路上，他们有过痛苦，有过磨难，但他们始终向着自己理想的目标进发，直至最终登上巅峰。著名建筑设计师贝聿铭晚年总结到："人生并不长，我的原则是，只做自己认为美丽的事，创造出有震惊效果的美感。"同时，我们也看到有人经常被功利心所诱惑，遇到困境时退却，结果半道离去。两种不同结果，充分说明了清晰的职业理想极其重要，有理想追求，才有成功，这是最简洁，也是最深刻的道理，一如孔子所云："志于道"。

第二，坚实的职业信念。有人要问：有了理想为什么还要有信念？从思辨的角度讲，理想往往是一种战略和宏观的判断，而信念则是一种战术和相对微观的判断，理想具有方向性和概括性，信念具有指向性和精确性。我们在从事珠宝首饰设计过程中，时常会面临一些选择，如发展环境影响专业要求，是克服它们，还是拒绝它们；又如发展过程中，是利益为先，还是进步为先。在解决和处理这些问题时，信念将起决定的作用。

如果没有坚实的职业信念，往往面对困惑会很犹豫、彷徨，甚至产生畏难情绪，最后失去信心，对自己的前景产生疑问，导致不作为或退却。我们曾经目睹过一些企业的年轻设计师，在上述问题处理中，不能坚守职业信念，被残酷的艰难选择击倒，有的自动离职，有的改弦易辙，另就其他职业，在此，我们通过一些大师的经历来告诫已经或将要从事珠宝首饰设计的各位。伟大的西班牙画家毕加索为了职业信念，几乎坚守了一生，在创作《亚威农少女》时，直接将人的形象画成菱形、方形、三角形、半圆形，从而瓦解了文艺复兴以来建立的视觉法则。该作品一问世，就引起世人极大争议，因为他的作品打破了人们观看事物的习惯，可他始终坚信世界每天都应该是新的，每天都应该有新东西等待我们，只有冲破传统的束缚，才能看到一个崭新的世界。最终这幅代表立体主义的巨作成了世人认识该学派的典范。我国著名画家韩美林，一生坎坷，但对艺术创新的信念追求矢志不渝，到了七十多岁还在孜孜以求，

坚信理想是需要勇气与毅力的。现实中，许多出色的设计师穷尽一生追求，才达到职业高峰，在攀登高峰的道路上，他们有过痛苦，有过磨难，但他们始终向着自己理想的目标进发，直至最终登上巅峰。

我们在从事珠宝首饰设计过程中，时常会面临一些选择，如发展环境影响专业要求，是克服它们，还是拒绝它们；又如发展过程中，是利益为先，还是进步为先。在解决和处理这些问题时，信念将起决定的作用。

珠宝首饰设计师不可缺乏强健的职业技艺

最终创作出《福娃》《天书》等一批不朽的名作。信念可以提振信心，增强毅力，为你达到理想目标产生推动作用。

　　第三，崇高的职业境界。所谓"境界"，乃是人们在思维中追求的目标。我们经常说：境界决定眼界，什么样的眼界就有什么样的品位和格调。一个设计师用何种眼界去认识、判断一件设计作品，实际上就反映了他的品位。品位的高低，最终是由境界决定的。我们在欣赏或观察一些国际著名品牌的珠宝首饰时，可以发现不少作品具有经典、华贵、精湛的品位，给人一种超凡脱俗的高雅，这就是设计师境界的显现。

　　珠宝首饰设计师的境界，对职业实践具有十分重要的意义。我国著名学者王国维曾说："古今之成大事业大学问者，必经过三种之境界。'昨夜西风凋碧树，独上高楼，望尽天涯路'，此第一境也。'衣带渐宽终不悔，为伊消得人憔悴'，此第二境也。'众里寻他千百度，蓦然回首，那人却在灯火阑珊处'，此第三境也。"这第三境是最高境界。将上述诗意化的表达转为通俗言语，就是先在迷茫中寻找，再是苦苦追求，最后功到自然成，诚如孔子所曰："依于仁"。由此可见，成功的设计师极其需要对境界的认识和修炼。

　　第四，强健的职业技艺。每种职业都有相对的技艺要求，作为珠宝首饰设计师同样需要职业技艺来保证，如果想成为一个成功者，强健的技艺必不可少，这就是学习珠宝首饰设计方法的重要意义。因为没有完善的技艺是无法真正学好珠宝首饰设计的。因此，当你想成为一名珠宝首饰设计师时，切莫缺失对学养的重视，要持之以恒地去提高学养，十年光阴磨一剑，夺得千峰翠色来。

　　境界决定眼界，什么样的眼界就有什么样的品位和格调。一个设计师用何种眼界去认识、判断一件设计作品，实际上就反映了他的品位。品位的高低，最终是由境界决定的。

　　每种职业都有相对的技艺要求，作为珠宝首饰设计师同样需要职业技艺来保证，如果想成为一个成功者，强健的技艺必不可少，这就是学习珠宝首饰设计方法的重要意义。

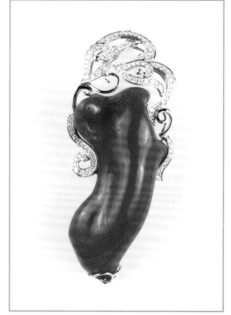

设计师作为领衔人物有着无可比拟的价值

天生我材必有用
——关于珠宝首饰设计师的人格特质与成材

设计师作为珠宝首饰业的领衔人物，他们的水平如何，对产品、品牌以及企业的发展有着无可比拟的价值。因此，不少珠宝首饰企业都将设计师放在很重要的地位。可是，怎样鉴别或把握一个珠宝首饰设计师的能力与发展潜力呢？有的企业往往只能将他们是否能画出设计图稿作为选择的方法，有时花了多年时间培育，取得的仅是水平一般的设计师，企业和设计师都不甚满意。

那么，有没有可以改变这种状况的办法呢？现在，我们就这一问题进行探索，提供一些建议与方法。珠宝首饰设计是一门文化创意学科，偏重人文科学。比之技术科学的进步，人文科学的进步相对要艰难些、缓慢些，造成这种状况，既是学科的差异，也是人文科学的特性所致。一项先进的技术或产品，它可以非常量化地与历史做对比，从而明显地感觉到进步的程度，甚至可以用数据来量化这种进步，而人文科学的发展与提升是无法用清晰的量化数据来表现的，即使我们现在的人文知识程度比过去有较高的发展，如大学生、硕士生、博士生数量增多了，可他们的进步程度是无法用数字衡量的，因此，不能简单地说，知识程度高的人多，人文科学水平就一定高。

讲述这些现状，是为了让我们知晓人文科学或人才科学的发展是非常复杂的，需要大家认真对待。一个人的成长是一个系统工程，既受社会环境及其他条件（总称外部）的影响，也受自身人格特质（总称内部）的影响，其发展始终受这两种因素的不断作用影响。为了便于探索的有效性，我们暂且不将社会环境因素列入主要议题（但会部分涉及），而是将人格特质因素作为重点的探讨对象。

珠宝首饰设计是一门文化创意学科，偏重人文科学。比之技术科学的进步，人文科学的进步相对要艰难些、缓慢些，造成这种状况，既是学科的差异，也是人文科学的特性所致。

一个人的成长是一个系统工程，既受社会环境及其他条件（总称外部）的影响，也受自身人格特质（总称内部）的影响，其发展始终受这两种因素的不断作用影响。

通常所谓的人格，按心理学的描述，就是人格的特征。它是构成一个人思想情感及行为的特有模式，这个特有模式包含了一个人区别于他人的稳定而统一的心理品质。

人格有三个组成部分——能力、气质、性格。（认知）能力有冲动型与沉思型，系列型与同时型，以及场独立型与场依赖型。气质分为胆汁质、多血质、黏液质、抑郁质。性格具有态度与意志特征，以及情绪与理智特征。人格的形成是多种因素造成的，既有遗传、文化因素，也有家境、经验和自然物理因素。

在讨论人格特质之前，还要说明一下，先前曾和大家谈到过，从事珠宝首饰设计要具备理想、信念、境界、技艺，这些属于该职业普遍性的影响要素，而接下来讨论的人格特质因素属于该职业特殊性的影响要素，前者代表所有从事该职业者所具有的素质，后者代表某个个体从事该职业所具有的素质。

我们曾对相同从业时间、相同从业经历的一组设计师做过调研，他们都具有十来年珠宝首饰设计工作的经验，其中一些已经取得了相当瞩目的成绩，在国内外珠宝首饰设计比赛中获得了较好的名次；而另一些却成绩平平，难有大作。这引起了我们的思索：是什么原因造成了他们的差异？在条件、环境几乎相同的情况下，我们认为是人格特质造就的。

通常所谓的人格，按心理学的描述，就是人格的特征。它是构成一个人思想情感及行为的特有模式，这个特有模式包含了一个人区别于他人的稳定而统一的心理品质。常言道："人心不同，各如其面"，这说明人格是有差异的，即有着独特性；俗话又说："江山易改，禀性难移"，这又表明人格具有稳定性，一旦形成就会产生一定的特征。人格有三个组成部分——能力、气质、性格。（认知）能力有冲动型与沉思型，系列型与同时型，以及场独立型与场依赖型。气质分为胆汁质、多血质、黏液质、抑郁质。性格具有态度与意志特征，以及情绪与理智特征。人格的形成是多种因素造成的，既有遗传、文化因素，也有家境、经验和自然物理因素。

下面我们简要介绍一下它们的具体表现。

冲动型（认知）能力特点是反应快，但精确性差，他们的信息加工策略多采用整体性加工方式，在完成需要做整体解释的学习任务时，成绩会更好些。沉思型（认知）能力特点是反应慢，但精确性高，他们的信息加工策略多采用细节性加工方式，在完成需要对细节做分析时成绩会更好些。两者比较而言，沉思型的人阅读能力、记忆能力、推理能力、创造能力都比较好。

系列型（认知）能力特点是对解决问题过程如链状，一环扣一环地推导出问题的结果。同时型（认知）能力特点是在解决问题过程中，采取宽视野的方式，同时考虑多种假设，并兼顾各种可能性来解决问题。

两者比较，各有优势，只要匹配恰当。

场独立型的特点是不太依赖于外界环境，对信息加工处理时依据内在标准或内在参照。场依赖型的特点是依赖于外界环境，对信息加工处理时依据外在参照。两者没有好坏之分，可以在不同领域独领风骚。

胆汁质人的特点是精力旺盛、争强好胜，但粗枝大叶、鲁莽冒失，且多感情用事、刚愎自用。多血汁人的特点是富有朝气、灵活好动，且思维活跃、行动敏捷，但稳定性差，易见异思迁。黏液质人的特点是安静稳重、喜欢沉思，且不怕困难、忍耐力强，但灵活性略差、喜四平八稳。抑郁质人的特点是多愁善感、细腻温柔，且富于想象、自制力强，但优柔寡断、缓慢抑郁。

性格的态度是指对自己、他人、集体、事物的各自不同态度，或爱集体、助人为乐，或诚实、正直，或无私、自律等。性格的意志是指设定行为目标，自觉地调节自己，努力克服困难，达到目标的心理品质，或坚强、果断，或脆弱、犹豫等。性格的情绪是指人们对客观现实的一种主观体验。当人对不同的事物产生不同的看法，在内心世界中会产生肯定或否定的体验。性格的理智是指人们的认知活动中所表现出来的个人风格。有主动观察型与被动观察型，有思维分析型和思维综合型，有想象广阔型和想象狭窄型等。不同的性格造就了各自的特点，进而形成了"性格决定命运"的结果。

诚然，决定人的特质还有其他的因素，由于篇幅关系，我们不再展开。但以上所述，一定是影响其成材的重要因素，甚至是成败的关键因素。

介绍完人格特质后，现在来做一些具体的认识与鉴别。首先，我们认为每个人天生是一块完整的"材"，人格特质就是人"材"的特质，不同的特质形成不同的人才类型，企业在用人时，要有认材、识材的能力，这样才能因材适用。同时，要知道每个人才都有优点和缺点，我们要懂得怎样扬其优，避其劣，在处事和工作时，合理匹配，这样才能"材尽其用"。就企业或设计师而言，当你在选择时，不妨也先做一些鉴别与配置，这样对今后的合作与发展会起到积极的作用。

性格的态度是指对自己、他人、集体、事物的各自不同态度，或爱集体、助人为乐，或诚实、正直，或无私、自律等。性格的意志是指设定行为目标，自觉地调节自己，努力克服困难，达到目标的心理品质，或坚强、果断，或脆弱、犹豫等。性格的情绪是指人们对客观现实的一种主观体验。

性格的理智是指人们的认知活动中所表现出来的个人风格。

不同的性格造就了各自的特点，进而形成了"性格决定命运"的结果。

合适的才是最有效的

大多数实践证明，对珠宝首饰设计师的人格特质要求多倾向沉思型认知能力者，如果还具有系列型或同时型认知能力者则更佳。至于场独立型认知能力者，对高端产品及内容的创作比较有优势，而场依赖型认知能力者，对普通或定制产品及内容的创作比较有优势。从气质上来说，多血质和抑郁质比较适宜，也容易出成果。从性格方面来说，态度诚实、正直、自律者较佳；意志坚强、果断者为上乘；如果属于主动观察型和思维综合型，在开创性的产品及内容创作中具有相对优势，若兼有想象广阔型特质则更佳；而被动观察型和思维分析型，在深度性的产品及内容创作中具有相对优势。在这里必须指出，人格特质不是非此即彼的，通常是多种类型兼属，对此，国际上有专业的人格特质理论和学说，将各种人格特质进行组合分类。

那么，如何具体甄选呢？事实上，对人才的甄选方法在国际上已经被普遍采用，一些公司和企业的人事经理（HR）在对聘用者面试时，都会进行一些测试，有的用口试，有的用笔试，有的用实践测试。测试的内容和题目就是按上述的特质属性而拟就的。测试的目的就是为了解其工作能力、学习能力、生活环境，鉴别其人格特质的类型，与所聘工作的匹配度，判断其发展潜力。他们根据对人才的不同要求设置不同范围及深度的测试题库和方法（已形成专业的心理学科分支）。如此这般，是为了最大程度地提高人才的使用效能和成才概率，使企业和个人都取得满意的结果。

当大家了解了人格特质的内容后，完全可以自省一番，将自己的特质与从事的工作进行匹配，如果合适，那就果断地去迎战；要是有部分缺陷，那就仔细、客观、准确地判断其改变的可能性。即使不合适，也可以重新规划，另觅适合自己的职业，这样既不耽误前程，也不浪费时间，要知道合适者可以达到事半功倍，而不合适者往往事倍功半。天生我材必有用，识得用武便有功。

大多数实践证明，对珠宝首饰设计师的人格特质要求多倾向沉思型认知能力者，如果还具有系列型或同时型认知能力者则更佳。至于场独立型认知能力者，对高端产品及内容的创作比较有优势，而场依赖型认知能力者，对普通或定制产品及内容的创作比较有优势。从气质上来说，多血质和抑郁质比较适宜，也容易出成果。从性格方面来说，态度诚实、正直、自律者较佳；意志坚强、果断者为上乘；如果属主动观察型和思维综合型，在开创性的产品及内容创作中具有相对优势，若兼有想象广阔型特质则更佳；而被动观察型和思维分析型在深度性的产品及内容创作中具有相对优势。

设计名: 旭日东升

设计师: 陆莲莲

奖　项: 第十二届中国工艺美术大
　　　　师作品暨国际艺术精品博
　　　　览会金奖

珠宝首饰的特征，其核心就是文化基因

方略三
掌握关键的知识

回眸一笑百媚生
—— 关于珠宝首饰的文化基因

当人们走在大街上，即使不通过会话，相信大家一眼就能辨别出哪些是西方人，哪些是亚洲人，哪些是非洲人。依据什么？头发的不同，如金发、黑发、卷发；眼睛的不同，如碧眼、黑眼；肤色的不同，如白色、黄色、黑色……通过这些特征，即刻就能分辨出他们的人种。那么，这些不同特征是怎么形成的呢？是由人种的基因衍化的。同样，用人们的经验可以清晰地分辨出首饰的不同，通过首饰的题材，如十字架与弥勒；通过首饰的文字，如 LOVE 与爱情；通过首饰的造型，如皇冠与锁片，就知晓前者是西方式的首饰，后者是中国式的首饰，依据什么？当然是首饰的特征，而这些特征是怎么形成的呢？是由首饰的文化基因造就的。

诚然，首饰的文化基因并不止上述这些内容。今天来讨论它们，是为了在珠宝首饰设计时，能准确地掌握这种文化基因背后所包含的意义、作用及其结果，能更好地认识不同作品的不同文化含意，使之适应不同人群的不同需求，也进一步意识到珠宝首饰设计的人文意义，促进珠宝首饰精神内涵的探索和表达。

珠宝首饰的文化基因包括地域、历史、政治、宗教、习俗、信仰、审美观念、价值趋向和资源禀赋等，正是通过这些内容的组合，形成了世界各国不同的珠宝首饰文化基因特征。为了阐述的方便，我们把这种文化基因特征概括为中、外两大类，通过观察认识、比较对照，来发现它们的思维构成、理念模式、表现程式、装饰风格和价值体现的差异。

所有的文化都离不开整个社会发展的历史进程，该进程决定了该文化的先天密码。我们中华民族的文化是整个民族历史的组成部分，她的

珠宝首饰的文化基因包括地域、历史、政治、宗教、习俗、信仰、审美观念、价值趋向和资源禀赋等，正是通过这些内容的组合，形成了世界各国不同的珠宝首饰文化基因特征。

掌握珠宝首饰文化基因可以帮助认识设计实践

密码就是民族性的一个写照。在中华民族的文化里，非常注重天人合一。老子曾说："人法地，地法天，天法道，道法自然。"他认为，人的一切必须顺应环境，而环境必须顺应天理，天理必须顺应自然规律，依照这个逻辑推理，人最终是要遵循天意及自然的法则。因此，国人普遍认为"天意难违"。孔子也认为："死生由命，富贵在天"，而且这位先哲是"畏天命"者，他的孙子子思则更加信命于天，他的名著《中庸》中说"天命之谓性"，意思是说上天赋"性"于人，成为人所固有的。子思根据这一设想提出"存诚尽性"，即人只要把握自身所固有的"诚"，充分发挥人的本性，就可以从尽"人性"到尽"物性"，最终做到"至诚通神""至诚通天"，进入神秘的"天人合一"境地。

因此，在中国珠宝首饰的文化基因中，突出地表现为：求"天"赐予福，求"天"赐予寿，求"天"赐予禄。因为"天意难违"，人们只有膜拜它，祈求它的保佑，特别当天灾人祸降临时，人们更将消灾灭患的心愿托付于"天命"。于是，就有民间传说：金戒指戴着可以压邪；金饰品煮汤可以治心病等。当丰收年景或生活富裕时，人们为了感谢苍天的恩赐，在佩戴首饰时，便特别欣赏有"福""如意""吉祥"等含意的纹样，以表露其不负天命之感。为了在仕途或事业上有所建树，除了本身的兢兢业业，还期望苍天有眼，在冥冥之中助一臂之力，于是就有"一帆风顺""禄有所为"之类的首饰语言。

在佩戴方式上，也是奉行"死生由命，富贵在天"的宗旨，人们在成功之时，往往好高骛远，以为自己的力量已经达到了出神入化的境地，俨然成为"天人合一"的典范，于是，平民百姓喜好佩戴"花好月圆""福如东海"之类的图案；官僚绅士欣赏如意带扣、通灵宝玉之类的器物；皇室将相更享有特制的"凤飞龙舞""万寿无疆"的图案装饰。这些实例无不说明，人们习惯将自己的信物与心境同"天命"相连，力求"至诚通神""至诚通天"。

佛教在中国具有较大影响，中国珠宝首饰的题材中，大量吸纳佛教的神灵偶像，如观音、弥勒等形象，以彰显对佛教的尊崇，以及祈求神灵的保佑。同时，为了尽"性"，还在材料上尽显体面，所谓"佛要金装，人要衣装"，往往用珍材奇宝来炫耀自己的身份，让人感到其有"信

在中国珠宝首饰的文化基因中，突出地表现为：求"天"赐予福，求"天"赐予寿，求"天"赐予禄。

当丰收年景或生活富裕时，人们为了感谢苍天的恩赐，在佩戴首饰时，便特别欣赏有"福""如意""吉祥"等含意的纹样，以表露其不负天命之感。

在佩戴方式上，也是奉行"死生由命，富贵在天"的宗旨。

平民百姓喜好佩戴"花好月圆""福如东海"之类的图案；官僚绅士欣赏如意带扣、通灵宝玉之类的器物；皇室将相更享有特制的"凤飞龙舞""万寿无疆"的图案装饰。

有了文化基因才有珠宝首饰的生命力

仰"，有"教化"，为自己装点颜面。

外国的（主要为西方国家）珠宝首饰文化基因，同样深受其地域历史影响，它们的文化在宗教、政治的演化下，先是政教合一，信仰基督教文化，故早期的题材多为《圣经》中的内容。到了 16 世纪文艺复兴为转折点，通过反对封建教会的束缚，建立起资产阶级人文主义的文化基础，要求以人为中心，而不以神权为中心来对待一切，提倡以人和自然为对象的世俗文化，主张思想自由和个性解放，肯定了人是世界的中心。

在这种文化背景下，西方的珠宝首饰文化基因，便突出地表现为以人为主、以人为美的特征。这一时期的欧洲国家，如挪威、瑞典、丹麦等国都盛行在结婚典礼上互赠新婚戒指，英国 1549 年的祷告书中还明文规定，新婚戒指应戴在左手的无名指上，并称该手指为戴戒指的手指。而且新婚戒指多用纯金或纯银制作，以表明爱情的纯真和无瑕，体现出人的价值和人的情感。

在西方珠宝首饰文化"语言"中，颇多"爱""恋""心"之类的词汇，以勾起人与人之间的绵绵情意和博爱之心。在他们看来，首饰是一种表达情感的工具，情人间、夫妻间互赠首饰可以向对方表达爱意，友人间赠送首饰可以表示祝贺，传递友情。于是，就有了许多美好的传说，如钻石象征纯洁，祖母绿象征幸福，红宝石象征爱情；结婚 25 周年是银婚纪念，结婚 50 周年是金婚纪念。

基于人文（或人性）主义的思想，在佩戴方式、装饰风格上，他们比较追求个性化、自由化、多样化，每个人都按自身的兴趣选择合适的珠宝首饰。另一个不可忽视的因素是社会稳定和经济繁荣，为人们提供了良好的物质基础，有了较理性的消费观念，大多数人不会把重点放在比较首饰数量或价格的高低上，而是将目光移至首饰的美观、情趣及品位上。衣食足，知荣辱，谁人不想把自己装扮得更美？因此，他们认为首饰的第一要义就是为了人的（文化修养）装饰，离开了人这个主体，首饰的意义几乎为零。故而不难理解，他们愿意佩戴十分艳丽的、非金银的时装首饰，也不难理解他们能设计出毫无"规矩"的怪诞首饰，在晚宴、派对上一显雍容奢华，或在工作、居家时展露轻巧时尚。

外国的（主要为西方国家）珠宝首饰文化基因，同样深受其地域历史影响，它们的文化在宗教、政治的演化下，先是政教合一，信仰基督教文化。

在西方珠宝首饰文化"语言"中，颇多"爱""恋""心"之类的言词，以勾起人与人之间的绵绵情意和博爱之心。

在佩戴方式、装饰风格上，他们比较追求个性化、自由化、多样化，每个人都按自身的兴趣选择合适的珠宝首饰。

设计名: 东方神韵 (左一)

设计师: 陆莲莲

奖　项: 第十届中国工艺美术大师作品暨
　　　　国际艺术精品博览会金奖

对于珠宝首饰的价值趋向，中国人注重物质的华丽炫耀，在使用首饰或买首饰时，先关注材料及价格，然后判断质地，最后关心款式。而西方人选首饰先关注款式、效果，其次是辨明质量、品牌，最后考虑材料的（根据购买力也会选择高级珠宝）价格。在朋友聚会时，中国人讨论首饰是数量的多少，价格的高低；而西方人则讨论首饰美艳、诱人的程度。由此，中国大多数消费者钟情于黄金，而且成色越高越好，应验了马克思所分析的："金则专门反射出最强的色彩红色"，"使它们成为满足奢侈、装饰、华丽、炫耀等需要的天然材料，总之成为剩余和财富的积极形式"。西方消费者喜欢首饰材料色彩、光泽表现的多样性，以至低档的彩石、含量低的贵金属，甚至人造材料（如塑料）都可以被接受。

从资源禀赋来说，中国出产玉石、珍珠较多，因此，国人都较偏爱此类珠宝材料。西方国家受历史影响，也因地域材料产出的原因，比较喜欢钻石、红宝石、祖母绿、蓝宝石等珠宝材料。

珠宝首饰文化基因的中外差异还有不少，限于篇幅关系，仅将主要的内容进行探讨。

我们认为珠宝首饰文化基因的作用，就像植物的根系（基因）在特定土壤里，根据培育者（人）所给予的温度（热情）、湿度（层次）、养料（素养）等条件，会出现不同的状态。当我们在设计和欣赏珠宝首饰时，感到由衷的满意，从而会心一笑，那么你就懂得和接受了它的文化基因所赋予的作用。回眸一笑百媚生，灿烂缘自千种态。

对于珠宝首饰的价值趋向，中国人注重物质的华丽炫耀，在使用首饰或买首饰时，先关注材料及价格，然后判断质地，最后关心款式。而西方人选首饰先关注款式、效果，其次是辨明质量、品牌，最后考虑材料的（根据购买力也会选择高级珠宝）价格。

美是珠宝首饰的价值所在

弄色奇花红间紫
—— 关于珠宝首饰设计的美学意义

作为珠宝首饰设计师，当你在进行设计创作时，肯定会设定一个非常重要的目标——创作出作品的"美"。除有特殊的需求（如使用对象已经限定）外，"美"既是设计师追求的目标，也是作品本身的价值，相信谁也不会主动地去设计没有"美"感的作品，因为，这既不符合人性的需求，也不符合作品本身存在的必要。如此，对"美"的表达就有了一种异常迫切的非凡意义。

什么是"美"？怎样认识"美"？怎样体现"美"？这些都是珠宝首饰设计中至关重要的内容。中国的珠宝首饰设计师，无论是过去，还是现在，对美学这门学说知之甚少，目前的课程及教材设置中都缺失这一块，造成的结果是：我们对"美"的认识基本停留在朴素、感性的层面，对其思考既没有系统，更无法进入较深层次的分析。及此，今天来探讨这个本是古老，但于我们却又较新的课题，为大家引发兴趣、启迪思考、探求新知、建立观念做些尝试。

"美"是一个非常高层次的精神境界，中国的孔子、庄子、荀子和西方的苏格拉底、亚里士多德、柏拉图、黑格尔等先贤哲人都提出不少的见解，涉及政治、伦理、宗教、逻辑、艺术等领域，到了近代，已成为哲学的一个分支，它是用特别的思维分析、理解、实践来指导人们研究精神世界的构建因素。

首先，让我们来了解一下经过千年研究与发展后"美"的定义，英国著名美学史家、《美学史》的作者鲍桑葵认为："凡是对感官知觉或想象力具有特征的，也就是个性的表现力的东西，同时又经过同样媒介，服从于一般的，也就是抽象的表现力的东西就是美。"德国杰出哲学家、

什么是"美"？怎样认识"美"？怎样体现"美"？这些都是珠宝首饰设计中至关重要的内容。

"美"是一个非常高层次的精神境界，中国的孔子、庄子、荀子和西方的苏格拉底、亚里士多德、柏拉图、黑格尔等先贤哲人都提出不少的见解，涉及政治、伦理、宗教、逻辑、艺术等领域，到了近代，已成为哲学的一个分支，它是用特别的思维分析、理解、实践来指导人们研究精神世界的构建因素。

美学家、《美学》的作者黑格尔认为："美是理念的感性显现。"这些定义看似十分抽象和枯燥，但却异常概括和精确。现在，我们试着把它们化为比较容易理解的语言：一切由人的感觉器官（如眼、耳、鼻、手等）引起并触发大脑产生想象力（如反应、联想、会意）的情景，表现出一定行为特征（如快感、愉悦、激奋）的，从而由每个表达者以自己理解的表现方式、形式、结构，与此同时，又经过诸如音乐、建筑、雕塑、绘画、手工艺作品等，成为大多数人公认的，也就是脱离具体的、经过提炼思维（理念）后表述的（感性）内容，经这一过程后得到的就是美。

那些先哲们用了千年的时间，得出这个结论，似乎有点不可名状，那么，接下来我们再解释一下这个过程是怎么完成的。一切"美"都寓于知觉中，"美"绝大部分来源于大自然，大自然的"美"中暗含了某种规范的元素，每一个知觉者在观察时，获得了最原始"美"的素材，然后凭借他们对自然景象（如节奏、对称、和谐等）的卓越洞察力，采用"模仿"的办法，把他们认为美的东西刻录下来进行总结，并提炼出一些规律。例如，古希腊人把自然对象的基本特征归为和谐、庄严、恬静，这种再现性的"美"成为人类进一步研究美的必要素材，因此这种被称为自然美，是"美"的第一步。

为了摆脱自然美的消极部分（如无秩序、无价值的部分），用艺术去分析、扩展、呈现"美"的范围，由此进入"美"的第二步，即艺术美。它将人类的思维加入其中，创造出非自然的，用人类智慧、才能的力量去表达"美"，于是便出现了诸如色彩、几何图形、符合逻辑的整体感等非自然的艺术形式，由直接的知觉进入艺术的知觉。随着艺术美的出现，直接引发了人类的审美情趣，并形成不同状态下的形式美，从而形成了一系列的艺术美感，如快感、愉悦、激奋等心理感受，并将这种感受与政治、宗教、伦理等结合在一起，通过作品去展示、批评、赞扬，从而影响其他领域，如绘画、文学、手工艺制品的进化。

接着进入第三步的"美"，即理想美。这种"美"是一种比较高级的艺术美。黑格尔曾说："不管艺术的形式多么具体，多么特殊，它们必然通过心灵而有所不同"，"艺术家（自然包括设计师）模仿自然，那

一切由人的感觉器官（如眼、耳、鼻、手等）引起并触发大脑产生想象力（如反应、联想、会意）的情景，表现出一定行为特征（如快感、愉悦、激奋）的，从而由每个表达者以自己理解的表现方式、形式、结构，与此同时，又经过诸如音乐、建筑、雕塑、绘画、手工艺作品等，成为大多数人公认的，也就是脱离具体的、经过提炼思维（理念）后表述的（感性）内容，经这一过程后得到的就是美。

自然美

艺术美

理想美

珠宝首饰的美感有自然美、艺术美和理想美

并不是因为自然造了这样或那样的东西造得很正确","艺术永远有义务坚持有力量的、本质的、有特色的东西,而理想正是这种富于表现力的本质,而不是展现在眼前的东西,如果把展现在眼前的东西在每一个场合(如在日常生活的每一个场合)中的细节——再现出来,那将会是枯燥乏味,没有生气,令人厌倦,不可容忍的"。理想美是人类进入该领域最深层次的认识后才出现的一种"美",它是创造"美"的最高境界。

当我们对"美"的定义及内涵有了了解后,自然会问"美"的意义和价值在哪儿? 俄罗斯著名文学家车尔尼雪夫斯基说过:"我们所希望的生活就是美",他把"美"的价值点化得清晰而透彻。如若生活是每个人的客观需要,那么"美"就具有一种真实客观的作用,"美"便是生活的因素或生活的属性之一。"美"化了的生活,可以给人和谐、幸福、进步,甚至鼓舞我们去创造更理想的未来。

通过上述对美学的简要介绍,我们再来探讨一下在珠宝首饰设计中对"美"追求的轨迹。初入者,几乎都是从自然景象中采撷、刻画,或"模仿"先人创造的内容。我们常常见到一些刚从事珠宝首饰设计者,把一朵花、一条鱼,或一幢建筑、一个人形置入设计图稿里,这种设计只能归类于"自然美"的程度,是属于比较初级的创作水平。诚然,他们都有意向高一级的"美"进化,那就需要有艺术知觉,否则很难达到。所谓的艺术知觉,就是对"自然美"进行提升,能总结、发现自然美中的一些规律,从中分离出有价值的内容,再加入理性的成分,这样才能真正进入"艺术美"的阶段。同时,在艺术美的追求过程中,需要其他知识的补充、修缮,例如,要从伦理上分清善与恶(如不能欺骗);从道德上懂得真与假(如不能做假);从宗教上明白诚与伪(如不能伪装);从文化上知晓健康与丑陋(如不提倡陋习)等。判别"艺术美"的高低是离不开这些准则的,孔子曾将《韶》乐赞誉为"尽美"且"尽善",因为,这种礼乐既愉悦人心,又在道德上鼓舞人志,使天下为之稳定。他把"美"(艺术美)的价值提到如此高度,可见艺术美对于人的影响是多么重要。

在艺术美的创造过程中,需要修炼其形式美,因为内容一旦确定,形式将是成功的重要因素。这一阶段,想象、联想等艺术知觉将会起到

初入者,几乎都是从自然景象中采撷、刻画,或"模仿"先人创造的内容。我们常常见到一些刚从事珠宝首饰设计者,把一朵花、一条鱼,或一幢建筑、一个人形置入设计图稿里,这种设计只能归类于"自然美"的程度,是属于比较初级的创作水平。

所谓的艺术知觉,就是对"自然美"进行提升,能总结、发现自然美中的一些规律,从中分离出有价值的内容,再加入理性的成分,这样才能真正进入"艺术美"的阶段。

珠宝首饰设计师要自觉运用美学来使珠宝首饰呈现美感

很积极的作用，从自然美中析离出的规律，将帮助人们去寻找最完善的表现素材，从而创作出"美"的作品。同时，在运用规律时，对节奏、比例、结构、色彩等，要把握其对人的影响因素（如地域习俗、宗教信仰、伦理道德、文化观念），在此前提下，精准地抓住最能激起人性的心理活动，尽量给予快乐、愉悦、激奋的感受。珠宝首饰设计师在这个过程中，因艺术知觉的差异，有的表现为对规律认知程度较浅，出现节奏紊乱、比例失调、结构谬误、色彩失衡，造成"美"感不佳；有的表现为对人性心理把握较弱，出现感觉平凡、习俗不合、格调欠雅、意蕴缺失，造成"美"感不足。

在理想美的创造阶段，洞察力极其重要，理想化就意味着深刻的洞察力和丰富的个性特征刻画。从直接知觉升华至最高的理想知觉，它能创造出比自然美更多的"美"，它能赋予比自然更丰富的内涵，它能给予人性及心灵更多的愉悦感和自豪感，就如从自然王国走入理想王国。能达到这一境界的设计师及其作品，都是极富传奇与不朽的，从卡地亚的豹形钻饰，到蒂芙尼的花鸟钻饰，无不彰显出这种理想美的魅力。同时，理想美中的想象是极富价值的，因为深刻的想象能抓住事物的核心，能把人性内在美好感受表现得淋漓尽致，就像《泰坦尼克号》电影中女主角的"海洋之心"首饰，能唤起人性的震撼。

我国著名的社会学家费孝通曾提出过："各美其美，美人自美，美美与共，天下大同。""美"能给人带来各种心理变化，而这种不同程度的变化，可以使我们的生活丰富多彩，从而使社会更趋和谐完满。弄色奇花红间紫，美姿瑰态绿如蓝。

在艺术美的创造过程中，需要修炼其形式美，因为内容一旦确定，形式将是成功的重要因素。这一阶段，想象、联想等艺术知觉将会起到很积极的作用，从自然美中析离出的规律，将帮助人们去寻找最完善的表现素材，从而创作出"美"的作品。

在理想美的创造阶段，洞察力极其重要，理想化就意味着深刻的洞察力和丰富的个性特征刻画。从直接知觉升华至最高的理想知觉，它能创造出比自然美更多的"美"，它能赋予比自然更丰富的内涵，它能给予人性及心灵更多的愉悦感和自豪感，就如从自然王国走入理想王国。

设计师与艺术家有着相同的目标，即创作出有质量的作品

方略四
清楚职业的定位

横看成岭侧成峰
—— 关于设计师与艺术家的异同

宋代著名文学家苏东坡写过一首诗："横看成岭侧成峰，远近高低各不同，不识庐山真面目，只缘身在此山中。"现借用这首诗作为本文的一个讨论话题。这是首描绘庐山风景的诗，诗中所提"不识庐山真面目"，原因是什么？诗人指出了"只缘身在此山中"，这个回答意味深长，仿佛告诉我们"当局者迷，旁观者清"。我们借用它来讨论设计师与艺术家的问题。站在设计师的角度，他们认为两者都是采用艺术的手法在创作，因此可以媲美艺术家，或者至少可以列入艺术家的范畴，再极端一点，认为自己就是艺术家。造成这一认识，多半是希望提升一下职业高度，带个艺术家的桂冠，既体面又光鲜，再说也是与艺术挂钩的。但是，我们认为这恰恰是"不识庐山真面目"的表现。事实上，尽管两者都是以艺术的手法去表达事物，可仔细分析就能发现它们的迥异。

为了讨论的需要，先对两者做些简略的描述。设计师的行为是根据某种潜在要求，去设定目标，并制定方法和程序去实现目标，有效地获得一定的预期结果，避免不需要的结果的施行者，其结果就是：为使用者提供其赞赏和满意的产品及其他内容。艺术家的行为是用各种艺术的方式方法去构思、创作并表达的实践者，其通过艺术形象来揭示事件、生活状况和社会关系的实质，通过作品的形象来表现自己对世界的态度，其结果就是：为人们提供满足审美需求的丰富作品及其他内容。

接下来，我们将它们的一些不同特质进行比较。

第一，目标对象。设计师的目标对象是使用者，它的范围比较清晰，特别在某些场合，几乎是一个极小的范围，甚至是一个个体（如为客户

设计师的行为是根据某种潜在要求，去设定目标，并制定方法和程序去实现目标，有效地获得一定的预期结果，避免不需要的结果的施行者，其结果就是：为使用者提供其赞赏和满意的产品及其他内容。艺术家的行为是用各种艺术的方式方法去构思、创作并表达的实践者，其通过艺术形象来揭示事件、生活状况和社会关系的实质，通过作品的形象来表现自己对世界的态度，其结果就是：为人们提供满足审美需求的丰富作品及其他内容。

设计师的目标对象是使用者，它的范围比较清晰，特别在某些场合，几乎是一个极小的范围，甚至是一个个体（如为客户定制设计）。因此，它的目标指向性是相对集中的，有时不必考虑普遍性的内容（如为特定需求产品客户的设计），而是经常采用细分目标对象，以便准确地掌握对象的需求。

设计师的产品和内容往往围绕使用者的特定需求去策划，就像射击，越是接近中心，命中率就越高。

设计师的意识主要是考虑适合使用者的需求，他们有点"为人作嫁衣"的味道，因而经常采用换位思考的模式。即使是原创设计产品，也会用假设的思维，去揣摩、评估目标对象的需求，并最大程度地去满足。

定制设计）。因此，它的目标指向性是相对集中的，有时不必考虑普遍性的内容（如为特定需求产品客户的设计），而是经常采用细分目标对象，以便准确地掌握对象的需求。而艺术家的目标是一个较为广泛的范畴，而且，其效应会随着覆盖面的扩展而放大，即接受的人越多，影响力越大。因此，非常需要考虑内容的普遍性，即使缩小范围（如通俗作品或高雅作品），但仍然追求在一定层面里的对象最大化。

第二，产生背景。设计师的产品和内容往往围绕使用者的特定需求去策划，就像射击，越是接近中心，命中率就越高。因此，对信息的要求是越精准，越会被采纳，从而将背景归纳到一个相对集中的程度。艺术家的作品和内容往往围绕普遍性的需求去构想，而揭示的范围越多元，越能阐述事件与事物的真相。就像一些历史题材的绘画，人物越多，表现力就越强，形态越多，震撼力越大。因此，信息越是多样，越是会被采纳，从而将背景扩展到一个相对广泛的程度。

第三，意识态度。设计师的意识主要是考虑适合使用者的需求，他们有点"为人作嫁衣"的味道，因而经常采用换位思考的模式。即使是原创设计产品，也会用假设的思维，去揣摩、评估目标对象的需求，并最大程度地去满足。当产品问世后，他们的态度还是以接受使用者的评价作为自己的重要意识。艺术家的意识主要是考虑其表达作品及内容的鲜明特性，多半不用考虑目标对象的特殊需求，识我者，便赏之，不识者，各行其道。他们不用假设的思维去设定目标对象，因此，态度上可以自我些（大师级的更是如此）。

第四，成功标志。设计师的成功与否多半是以目标对象的匹配度为标志，匹配程度则以产品的满意率来衡量，高则成功，低则失败。艺术家的成功多半是以创作艺术的鲜明程度为标志，越有特色，水平越高，数量仅是衡量标志的一部分，因此，标新立异（欣赏者较少）的作品并不影响其成功。

第五，实施行为。虽然这一差异并不普遍，但在某些方面还是反映了彼此之间的不同。设计师对于一项产品或内容来说，只是整体中的一部分，它往往还需要另外的组成部分来完成整个产品和内容，如珠宝首饰设计师，创作设计完成后，还要经过制作、加工（二度创作）部分来实施，才能最后制成产品。艺术家对一个作品或内容表达来说，有时往往可以一体化，如画家、雕塑家、作家，他们可以从构思、创作，到表达、完成由一人所为。

　　分辨他们的差异是为了在从事设计工作时，有一个明确的职业定位。我们曾在一次研讨会上，就设计师的作用与成就问题展开讨论，有的设计师说："我们在设计新产品时，经常遇到这样的事情，太创新了，消费者不能理解，不敢尝试，因此销路不畅；不创新，没有新产品，消费者又不满意，真是鱼和熊掌不可兼得。"还有的设计师说："我的产品设计图稿很完美，但制作产品时没有达到效果，结果还是不成功，那么这种情况，属于设计水平不高吗？"造成这些情况的原因可能是比较复杂的，但就本文探讨的内容来说，至少有几点问题是存在的。其一，判断目标对象的不清晰。其实任何新产品的设计，一定是针对特定目标而言的，我们不能用艺术家的方式去判断目标对象，这样会非常泛化目标，即指向性不明，无法找到相对使用者的具体需求。其二，对于产生背景的误认。没有认识到产品相关背景的关键点，特别是对信息采集的不精准，造成了不能反映真实内容的尴尬局面。其三，存在意识态度上的错位。用艺术家的个性来替代设计师的换位思考，不能掌握使用者的需求。其四，由于缺乏对实施行为的理解。诸如对制作、加工专业知识的缺乏，在设计时不能充分把控图稿与产品间的衔接，用局部的特性去理解整体的概念。

　　综上所述，一旦对职业定位有误判将会导致角色的位移，这在珠宝首饰设计实践中是屡见不鲜的，从这个意义上来说，认识他们之间的差异，无疑对设计师正确定位有着积极的意义。

　　讨论完设计师与艺术家的差异性，再就他们的同一性做些阐述。就像我们一再强调的，珠宝首饰是为满足人们内心精神需求而产生的物质。对此，德国思想家黑格尔曾说："人的一切修饰打扮的动机，就在于他自己的自然形态（身体）不愿听其自然，而要有意地加以改变，并在这种改变上刻下自己内心生活的烙印。"那么，作为一名设计师或艺术家就有责任去迎合他们的改变。随着人类文明的进步，审美情趣的产生和递进，本身十分需要用艺术的形式去表达。因此，在这一点上，

　　设计师的成功与否多半是以目标对象的匹配度为标志，匹配程度则以产品的满意率来衡量，高则成功，低则失败。

　　设计师对一项产品或内容来说，只是整体中的一部分，它往往还需要另外的组成部分来完成整个产品和内容，如珠宝首饰设计师，创作设计完成后，还要经过制作、加工（二度创作）部分来实施，才能最后成为产品。

艺术家设计的艺术品

设计师设计的艺术品

认识设计师与艺术家的相同性，可以相互借鉴融合设计师和艺术家的表达职责是完全一致的，他们可以用各自的形式去实现这一目标。同时，在达到一定高度时，他们的境界与手段有许多相同之处，如崇高、典雅、美好的意向会趋于类同，正因如此，不少从事艺术的人士，会有跨界合作，这一点早在文艺复兴时期就出现了，像著名画家波提切利（《维纳斯的诞生》作者，意大利著名画家）就是由珠宝首饰业转向绘画艺术创作的，而近代不少画家也曾参与珠宝首饰设计。再者，无论是设计师还是艺术家，随着他们的造诣日趋炉火纯青，差异可以变为借鉴，不断打破某些制约，共同推进创作方法的改善，最终一起走向成功之巅。设计师和艺术家会有异有同，横看成岭侧成峰，各自魅力呈风采。

随着人类文明的进步，审美情趣的产生和递进，本身十分需要用艺术的形式去表达。因此，在这一点上，设计师和艺术家的表达职责是完全一致的，他们可以用各自的形式去实现这一目标。

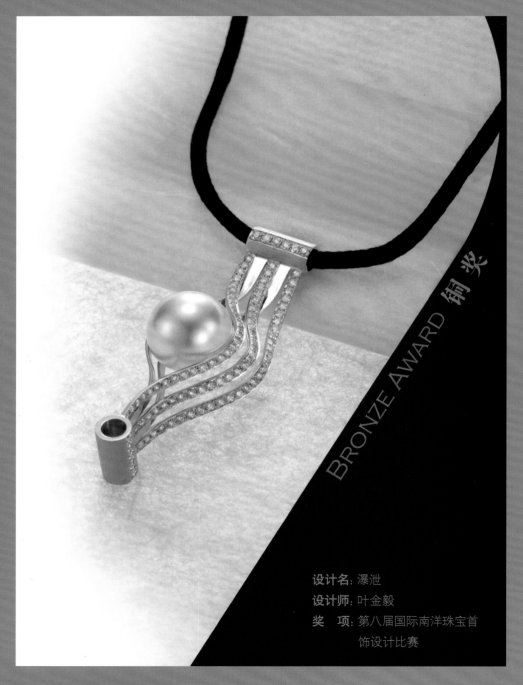

BRONZE AWARD 铜奖

设计名: 瀑泄
设计师: 叶金毅
奖　项: 第八届国际南洋珠宝首
　　　　饰设计比赛

珠宝首饰设计师的自我塑造既是对职业的尊重，也是对自己才华的一种追求

天意从来高难问
——关于珠宝首饰设计师的自我塑造与超越

　　从我们多年珠宝首饰设计的体会来看，一个设计师的成长和发展过程，实际上是成就自身完善的塑造历程，不管是刚进入还是从业多年，一置身到这个职业里，就被各种要求所浸润，无时无刻不在为实现这些要求而努力，自我修身和自我塑造成了一门必修之课。修身就是提升自己的从业修养，其中包括专业技艺、判断经验、嗅觉意识和领悟能力。通过这种修身，从而将自己的设计水平、表达状态、个性特点、创作风格臻于完善，使之完成自我塑造。这就如王国维先生所述："入乎其内，故能写之。"没有这种入内，就不得其道，不明其理，也就没有"写"其的资格。同时，因为"入乎其内，故有生气"，我们所有的活力都是在入内的一定时期里造就的，有了这种活力，才能创作出各种作品与内容，这是毋庸置疑的。

　　对于一名珠宝首饰设计师来说，自我塑造既是对职业的一种尊崇，也是对自己才华的一种追求，在前文中已多次阐述了这种必要性，事实上，所有的职业精神均告诫大家，要深入透彻地去学习、认识和掌握其内在要义。不过随着时空的转移，特别是在自身职业的修缮达到一定程度时，却发现因为长时间的浸润，陷入了一种思维定式，对许多职业要求理解为职业习惯，从而墨守成规，自我困顿。在笔者的身边就有这样一些设计师，从业几十年，经验积淀颇丰，曾经获得过不少佳绩。然而，在其以后的设计中，几乎都是这种风格特点的写真，进入了一以贯之的不变状态，结果，无论是什么产品的设计，均到了泥古不化的境地。

　　对于这种情形，可能不少珠宝首饰设计师都曾经历过。为了达到完美的表达高度，千辛万苦地深入钻研，由此形成了自己独特的领悟感，

　　一个设计师的成长和发展过程，实际上是成就自身完善的塑造历程，不管是刚进入还是从业多年，一置身到这个职业里，就被各种要求所浸润，无时无刻不在为实现这些要求而努力，自我修身和自我塑造成了一门必修之课。

　　对于一名珠宝首饰设计师来说，自我塑造既是对职业的一种尊崇，也是对自己才华的一种追求。

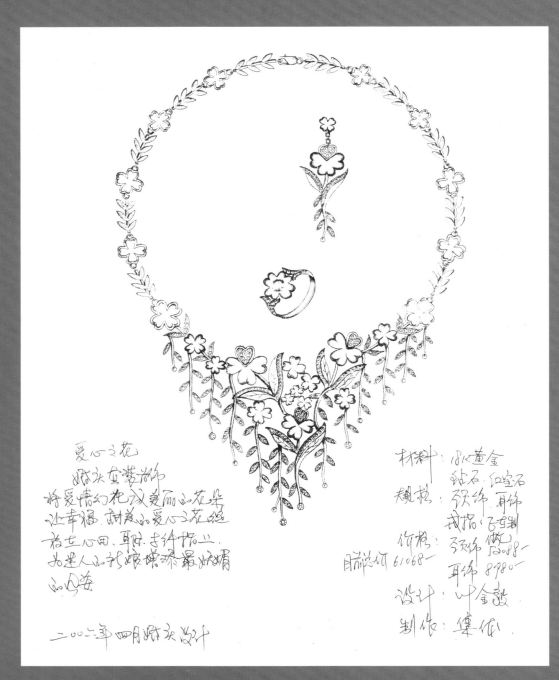

学习设计创作的过程即是一种自我塑造的过程

摸索出最佳的表现力，建立起鲜明的创作风格，从而在设计中夺得一席高地，为此感喟到：实属不易。一旦营造出了这种美好风光，接着便倚仗它一路向前走去，可是没过多久，这种美好成了明日黄花，开始徘徊不前，新意全无。过去的成功经验成了桎梏，时不时被禁锢在一个熟稔的范围里不能自拔，似黔驴技穷。最终自己也在发问：这是怎么了！是不够努力迷了路？还是创作灵气枯竭了？

这让我们有种二律背反的感受，没有深入，不能深刻认识，而过分深入又会被羁绊，需要脱离。就怎样解决这个问题，现在来做些探索，为将要从事这一职业和已经从事这一职业的设计师提供参考。

虽然下面这些论述是关于诗词创作的，但它可以给我们带来启发。著名学者王国维先生在《人间词话》中说："诗人对宇宙人生，须入乎其内，又须出乎其外。入乎其内，故能写之。出乎其外，故能观之。入乎其内，故有生气。出乎其外，故有高致。"他将认识世界及事物分为两种状态：入内和出外。入内是为了深入了解，认识本质，从而可以掌握运用；出外是为了更有高度和远见地去看清世界及事物。因此，必须要入内和出外，唯有如此，才能摆脱视野的局限，更好地去领悟世界及事物的完整状态。

通过这段论述，可以引出本文的两个议题，自我塑造与自我超越，如果用这两个议题去对应王国维的论述，那自我塑造就是"入内"，自我超越就是"出外"。不管是我们的人生，抑或是事业都摆脱不了这两种状态。佛教有入世和出世，禅宗有心内和心外，道教有内炼和外炼，总体而言，都是表达了时空关系。我们每个人都在一定的时空里，去完成一定的内容，随着时空的转换，必须对认识进行变演。如何正确理解这二者的关系呢？笔者认为，"入内"是认识事物的第一步，它可以帮助人们发现事物的真相、本质，这就像要看清一幅画，欣赏一场音乐会，你必须站在这幅画的适当距离内，到音乐厅、剧场里面，才能看到画的内容，听到音乐的旋律。但当你看了画，或听了音乐会以后，你会思考：为什么要画这个题材或谱这些音符？它们的表达是否完美、震撼？于是，你就会与其他的绘画或乐曲比较，甚至会考察它们的创作背景与技法运用。此时，你必须走第二步——"出外"，只有"出外"你

著名学者王国维先生在《人间词话》中说："诗人对宇宙人生，须入乎其内，又须出乎其外。入乎其内，故能写之。出乎其外，故能观之。入乎其内，故有生气。出乎其外，故有高致。"

入内是为了深入了解，认识本质，从而可以掌握运用；出外是为了更有高度和远见地去看清世界及事物。因此，必须要入内和出外，唯有如此，才能摆脱视野的局限，更好地去领悟世界及事物的完整状态。

设计师在自我塑造的过程中要有自我超越的精神

才能更深刻地理解和发现其作品的完整性，以至真正看透事物的情状和内涵。

作为一名珠宝首饰设计师，"入内"可以完成自我塑造，"出外"是可以达到自我超越。许多时候沉浸在创作中，会不自觉地被各种陈规陋习束缚，或者在一定阶段里会把一些曾经的新元素、新思索用尽、用竭，而到了江郎才尽的地步。要摆脱或重生就必须冲出藩篱，去开启一次新的旅程，站在"高山"或"大地"上看清世界的景象，通过这样的旅程去发现自己的局限，或者再次审视自己的眼界，看清真实的状态。然后，去寻找新的思维、新的认识，将过去的一切做个总结，推陈出新，使之有新的跃进、新的升华，从而完成自我塑造到自我超越的转变。

相比自我塑造，自我超越的作用和价值更大。当人们处在某个时空点上，都会受到某些制约，为了看到更多的景象，摆脱制约，就需要转换时空点。事实上，每一次的转换都是新的改变，从中可能发现新的景象，产生新的思路，得到新的结果，人类的进步就是在不断改变中实现的。杰出设计大师的成就，都是在一次次的超越过程中炼就的。"苹果"电脑的创始人乔布斯，在回忆公司发展的历程时，曾感言到："'苹果'有今天，就是我们不断超越自我。"今天，当我们拿着世上最富魅力的"苹果"电脑和手机时，是否想到，它曾经几度出现困顿，陷入危难，最后，突破困境，获得重生。

从思维的角度讲，每一次进步都离不开"出外"。珠宝首饰设计师在创作时，都会碰到保持与发展的选择，保持已有的成就，几乎是每位设计师的自然选择，但是，过分依赖这种选择会变得保守、僵化，乃至阻碍进步。为此，必须去选择发展，要发展就得"出外"，况且，很多时候"出外"本身就是设计创作的重要手段，就像诗人的创作，其"功夫在诗外"。社会的前进，时代的变革，给予人们众多的认知要求，"出外"可以吸收新知识、新方法和新思维，帮助我们的创作设计不断推进。

那么，自我超越的目标怎么确立呢？它有没有边际？我国古代先哲曾道：大道无形，无远弗届。这就是说，超越是条大路，它没有限制范围，你可以根据自我的情形设立合适的目标，能大能小、能高能低；超越的边际是十分辽阔，但总能到达的。一如设计师的设计创新是条大路，

作为一名珠宝首饰设计师，"入内"可以完成自我塑造，"出外"可以达到自我超越。许多时候沉浸在创作中，会不自觉地被各种陈规陋习束缚，要摆脱或重生就必须冲出藩篱，去开启一次新的旅程，站在"高山"或"大地"上看清世界的景象，通过这样的旅程去发现自己的局限，或者再次审视自己的眼界，看清真实的状态。然后，去寻找新的思维、新的认识，将过去的一切做个总结，推陈出新，使之有新的跃进、新的升华，从而完成自我塑造到自我超越的转变。

设计名:同心结

设计师:叶金毅

奖　项:第四届中国珠宝首饰设计

　　　　大赛二等奖

懂得超越就会有新的塑造空间

只要向着这个目标前进，最终自会接近的。同时，要意识到自我超越是需要勇气和毅力的，还要排除各种杂念，特别要去除功利性。在实际工作或生活中，不能超越是因为被既得利益缚住，或被一旦不成功会名利尽失而吓住。人们许多时候不是被别人战胜的，而是自己不能战胜自我而已。

在结束这个议题时，再讲一下著名画家陈逸飞的故事，作为本文的最后一个阐述。作为一名杰出的画家，他的《双桥》《踱步》等一系列作品著称于世，在海内外声誉鹊起，可他没有停止对自我超越的追求，到了后期，他还要去实践"大视觉"的艺术理想，于是先后涉足电影、服装、杂志、城建，以展现他宏伟的美学思维。这就是自我超越的典范，人们要问：他追求的尽头在哪里？我们认为无须去探求他的尽头，因为，他每一次、每一项的突破都是在成就自我超越，其间的过程让他如痴如醉，其间的绝妙让他领略到了，即使他的成果会引起争议，但并不妨碍他的自我超越，况且，自我超越本身难度极高，就像我们问天意有多高，是没有答案的。天意从来高难问，难得乾坤清朗日。

自我超越是需要勇气和毅力的，还要排除各种杂念，特别要去除功利性。在实际工作或生活中，不能超越是因为被既得利益缚住，或被一旦不成功会名利尽失而吓住。人们许多时候不是被别人战胜的，而是自己不能战胜自我而已。

设计名: 风的韵律

设计师: 陆莲莲

奖　项: 戴比尔斯第35届国际钻石首饰设
　　　　计比赛亚太区优秀作品奖

珠宝首饰的创意是用创造性的思维给予作品意韵和内涵

方略五
准确敏锐的判析

为有源头活水来
—— 关于珠宝首饰设计的创意行为

　　珠宝首饰设计的创意是一种特殊的思维行为，它是设计者给予作品一种意趣、主题及倾向的思维活动。每件珠宝首饰设计都应该有一定的内涵，用首饰的语言去描绘人们内心丰富的精神需求，而这种语言的表达包括意趣的塑造、主题的叙述、倾向的赋予等内容。总之，珠宝首饰设计的创意行为，就是用创造性的思维给予作品一种意韵、内涵。

　　每一位珠宝首饰设计师都曾经历过：非常想做有创意的设计师，但往往创意又是十分复杂而艰难的过程，许多时候，经千思百虑酝酿出来的作品，却发现其创意并不精彩，要么新意无多，要么意趣平凡，以致被这种困惑折磨而信心低落。那么，怎么走出这种困境，找到有创意的美景呢？

　　第一，面对挑战，建立信心。作为一名珠宝首饰设计师，当你矢志不渝地将设计作为一项长期从事的职业时，应该有克服困难、迎接挑战的思想准备，有了这种准备，你才能拥有坚实的信心，如若没有这种准备，那你终将会半途而废。我们认为：面对挑战，信心的价值是无可估量的，唯有信心才能产生强大的勇气和毅力，进而变成一种追求的动力，有追求必定有成功之日，正如先哲们曾说："信心比太阳还要光芒。"

　　第二，深入思索，寻求突破。作为一种特殊的思维形式，创意的成果不是一蹴而就的，古今中外的成功者，都是兢兢业业、孜孜以求才取得不凡成就的。对此，我们要有皓首穷经的精神，以极大的热情深入地思索。这种思索包括力求创新、发掘创意、改进措施、寻求突破。每个人在一定时期里，都会因不同原因出现思路局限、知识不济、感悟欠敏、

珠宝首饰设计的创意是一种特殊的思维行为，它是设计者给予作品一种意趣、主题及倾向的思维活动。每件珠宝首饰设计都应该有一定的内涵，用首饰的语言去描绘人们内心丰富的精神需求，而这种语言的表达包括意趣的塑造、主题的叙述、倾向的赋予等内容。总之，珠宝首饰设计的创意行为，就是用创造性的思维给予作品一种意韵、内涵。

创意时要通过深入思索寻找突破

方向迷失的情形。对此，我们要开阔眼界、扩充视野、补充新知、找寻意外。就如先贤所说："只有站在高山上，才能真正地看清地平。"

第三，改变视角，发现新意。在一个时空里的时间过久，容易造成对事物看法的固有程式，乃至疲劳而熟视无睹，在视角里新意全无，眼界狭隘。一旦出现这种状况，必须设法加以改变，自觉地变换时空和视角，去发现新的领域、新的思绪。通过摆脱原有的思维程式，收集并发掘那些来自事物深处的信息，把那些不同的点连接起来，搭建桥梁，激活连锁反应。真正的创造性就是把那些看似没有联系之物联系起来的能力，因为世间的每个事物都有联系，犹如大文豪莎士比亚所说："我们的生活之网，是合股线……"

第四，关注世界，越多越好。许多创意者的成功经历告诉人们，关注世界越多，发现就越多。20 世纪初，美国一位食品商来到他的店里观察消费者，他注意到：人们能够用手提起来多少商品，或者用胳膊夹起来多少商品，会直接影响到商品的销售数量。为了增加商品销售数量，他有了一个创意，发明了一种大纸袋，还用一根绳子作为加固，可以承重 34 千克，那根绳子还兼做手提之用。结果他不仅增加了商品的销售，每年还卖掉了 100 万个这样的购物袋。这个事例告诉人们，没有做不到的，只有想不到的。你学会关注世界及生活里发生的一切，就会找到创意的源泉。又如，"二战"期间，对战双方为了获取情报，间谍们使出了各种手段，将窃听器隐藏得更巧妙。其中，一位珠宝首饰工匠把窃听器与首饰结合起来，将其置入戒指，使对方无从发现和防范，由此，他开创了一系列多用途的首饰。

第五，学会倾听，善于发问。真实的学问包括"学"与"问"，大多数人的知识及能力，均可以通过这两种行为而获得。因此，要遵循和运用它，尤其将学会倾听作为一种"学"的手段，从倾听中捕获信息、资源。同时，还将善于发问作为一种"问"的手段，从发问中提析灵感、创意。到了 20 世纪中叶，摄影技术还是先用胶卷拍好，然后经冲洗，再印制成照片，有人对此提出，最好能拍了即刻就能得到照片。美国人爱得温·兰德听了后，把这一信息变成"宝丽莱"相机的创意资源，于是，一次成像的照相机便诞生了。对于发问，伟大的科学家爱

我们要有皓首穷经的精神，以极大的热情，深入地思索。这种思索包括力求创新、发掘创意、改进措施、寻求突破。

我们要开阔眼界、扩充视野、补充新知、找寻意外。就如先贤所说："只有站在高山上，才能真正地看清地平。"

真实的学问包括"学"与"问"，大多数人的知识及能力，均可以通过这两种行为而获得。因此，要遵循和运用它，尤其将学会倾听作为一种"学"的手段，从倾听中捕获信息、资源。同时，还将善于发问作为一种"问"的手段，从发问中提析灵感、创意。

镶钻石

镀黄金

侧视图

K白金   侧视图

图稿与实物比例 1：1

创意时要关注事物要点，发现新的问题并阐述见解

设计名: 生命赞歌

设计师: 叶金毅

奖   项: 第八届中国工艺美术大师作品暨
        工艺美术精品博览会银奖

因斯坦曾说过："重要之事是不要停止询问。"一个清晰、直指核心的发问，可能会为解决问题带来根本性的变化，创造性思维的一个主要刺激，就是提出有针对性的问题。在珠宝首饰业也有不少创意来自于发问，如怎样才能提高珠宝首饰的产量？有人就研究各种方法，为此发明了精密失腊铸造法；又如怎样才能解决减少宝石密集镶嵌中的镶托？有人就尝试各种手段，由此发明了围镶法。

　　以上所探讨的都是创意过程中的一些思维与方法，对于这些思维与方法的运用者——珠宝首饰设计师，我们也想提出若干建议，帮助大家能更自如、更有效地发挥作用。

　　作为珠宝首饰创意者，设计师应该具备宽容的态度和独立的意识。许多时候，我们的设计师比较自尊，而且会把这种自尊演变为自我，对别人及认识范围以外的情况，采取排斥的行为，没有宽容之心和谦卑之感，这样就造成了不容易接受他人的成功之道及新鲜之果，导致自闭与守旧。古希腊的学者就曾指出：每个人都是别人的参照，他人的成功与失败，可以成为你的资源，用这些资源能创造出任何奇迹。更何况，每个成功者都是站在巨人肩上而为的。对于独立意识的认识，从文艺复兴时期到我国新文化运动，都提倡人们应该有"自由之思想，独立之精神"，独立意识既是人格的体现，也是信心的象征。在创作实践中，设计师的独立意识可使作品呈现出与众不同的鲜明风格，而这种风格是作品最为亮丽的精彩点，也是风格多样化的重要组成部分。人云亦云会阻碍我们的个性发挥，也会导致落入窠臼、没有新意、步人后尘，而这是创意中的大忌。你可曾看到过，两个著名品牌的设计师会创作出相同的珠宝首饰作品？

　　作为珠宝首饰创意者，设计师还应该拥有敏锐的观察力和十足的好奇心。设计师的创意行为往往是开创性的，他应该追求比常人更能发现事物细微变化的能力，而这种能力需要敏锐的观察力，能抓住一瞬乍现的变异，能捕捉到一闪而过的光影，通过放大、整合，将其成功地表现出来。据说卡地亚的豹型钻饰设计者，就是在丛林里看到花豹一瞬间的腾跃，找到了创意灵感，把花豹的矫健雄姿与华丽皮章融入了珠宝首饰中。好奇心能触发设计师的丰富想象力。为什么儿童的想象力总是奇妙

作为珠宝首饰创意者，设计师应该具备宽容的态度和独立的意识。

在创作实践中，设计师的独立意识可使作品呈现出与众不同的鲜明风格，而这种风格是作品最为亮丽的精彩点，也是风格多样化的重要组成部分。

作为珠宝首饰创意者，设计师还应该拥有敏锐的观察力和十足的好奇心。设计师的创意行为往往是开创性的，他应该追求比常人更能发现事物细微变化的能力，而这种能力需要敏锐的观察力，能抓住一瞬乍现的变异，能捕捉到一闪而过的光影，通过放大、整合，将其成功地表现出来。

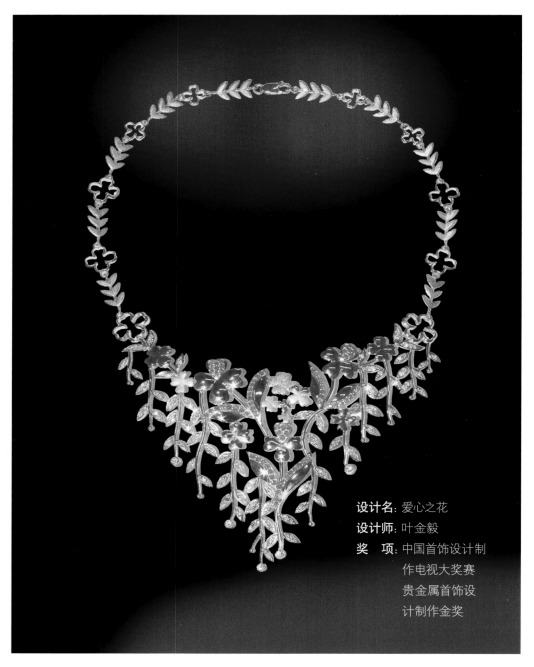

设计名: 爱心之花
设计师: 叶金毅
奖   项: 中国首饰设计制
作电视大奖赛
贵金属首饰设
计制作金奖

创意时特别应该坚持自由之思想，独立之精神

无比，这是因为他们的好奇心可能比成人更大胆、更执着。大多数珠宝首饰设计师，随着年龄的增长，心智的成熟，反而将这种好奇心弱化了。希望设计师在创意过程中不要丢失它，你会为这种好奇心带来的变化而感到惊奇，好奇心可以带给我们特别的兴趣及特别的动力，有了这种动力，你的想象力将会无比精彩。蒂芙尼珠宝的设计师让·史隆伯杰就对花鸟特别好奇，他曾用了很长的时间去了解它们，从小鸟的站姿，到花草的形状，最后把花鸟的优雅情状一一呈现在典雅的珠宝首饰里。

　　作为珠宝首饰创意者，设计师更应该坚持乐观的精神和精致的理念。乐观的精神是增强信心的良药，尤其在创意过程中，遇到困顿、萎靡时，更需要这种精神的提振。从创作的规律来讲，总会出现高峰和低谷，当处于低谷时，大家就应该坚持乐观的精神，以此来解决创意中的各种困难。精致的理念是创意完美作品必不可少的要素，管理学家有句名言：细节决定成败。精致就是追求细节及完美，对于珠宝首饰来说，方寸之间见功夫，一个点、一条线、一块面都需要精心打造，尤其到了今天，珠宝首饰已经放在10倍放大镜下进行观察和制作，还有什么理由不坚持精致的理念。但凡经典、杰出的珠宝首饰作品，都是在极致精美、细微刻画中诞生的，当人们在欣赏卡地亚、宝格丽等著名珠宝首饰作品时，都会赞叹它们的极致精美。创意需要源泉，成功依赖智慧，为有源头活水来，成得奇巧涓流到。

　　作为珠宝首饰创意者，设计师更应该坚持乐观的精神和精致的理念。乐观的精神是增强信心的良药，尤其在创意过程中，遇到困顿、萎靡时，更需要这种精神的提振。从创作的规律来讲，总会出现高峰和低谷，当处于低谷时，大家就应该坚持乐观的精神，以此来解决创意中的各种困难。

经典的作品具有典范性与指导作用，是人们学习与研究的典型

人情日暮有翻覆

——关于珠宝首饰的经典与时尚

　　什么是经典？唐代的刘知几在《史通·叙事》中写道："自圣贤述作，是曰经典"，即先圣与贤哲的著作就是经典；而现代的汉语辞书解释为：经典是具有权威性、典范性的最重要且有指导作用的作品或著作。这就像白居易《苏州法华院石壁经碑》所谓："佛涅槃后，世界空虚，惟是经典，与众生俱"，经典的作用无与伦比。但凡经典者，一定是在某个领域、时期、方向和族群中出类拔萃者，因此，它们都是人们学习、研究、崇敬的典型。讨论经典是为了向其致敬，也为了寻其精髓，从而提升自己的学习质量，拨正成长方向，向着更高的目标进发。

　　在人生经历中，很多时候是从一些经典中启发或起步的，从《三字经》《百家姓》中得到中国文化的启蒙，从《春秋》《史记》中知晓中国历史的萌芽，从《安娜·卡列尼娜》中进入俄罗斯文学的宝库，从《维纳斯的诞生》绘画中看到意大利文艺复兴的精华，从贝多芬交响乐中倾听西方的音乐。所有这些，是由于它们在那些领域里的独特价值，而这种价值集中反映了一定的社会、生活及艺术本质，成为我们在该领域深刻地认识事物的引导。同样，要认识珠宝首饰也不能缺乏经典的作品，在中国珠宝首饰的历史长河中，金银饰品、翠玉摆件、珠宝镶嵌数不胜数，从战国时期的翠玉代表作"包金镶玉嵌琉璃银带钩"，西汉的金银错杰作"金缕玉衣"，到唐代的金银细工典范"鸳鸯莲瓣纹金碗"，明朝的珠宝镶嵌精华"嵌珠宝点翠凤冠"等，都是我国珠宝首饰的经典。

　　通过观赏上述经典之作后，可以帮助我们在设计生涯里，筑建起有质量、有容量的作品体系。对此，是机械的模仿，还是积极的参照，抑或改梁换柱，还是推陈出新，是需要加以思考的重要问题。在我们的同行里，有不少人用高仿的手法去模仿一些经典作品，以为这样就可以把

但凡经典者，一定是在某个领域、时期、方向和族群中出类拔萃者，因此，它们都是人们学习、研究、崇敬的典型。讨论经典是为了向其致敬，也为了寻其精髓，从而提升自己的学习质量，拨正成长方向，向着更高的目标进发。

著名品牌的原作   复制品牌的作品

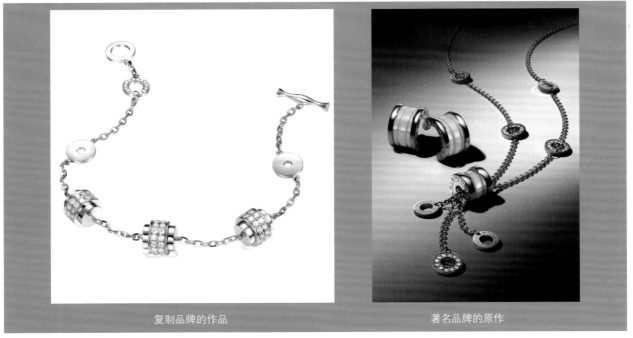

复制品牌的作品   著名品牌的原作

学习经典时不能以刻意复制而替代真正的创作实践

自己塑造成创作经典的成功者，殊不知，这是彻头彻尾的伪造者，就如法国文学家巴尔扎克先生所说："第一个用花来形容女人的是天才，第二个是庸才，第三个是蠢才。"这种对待经典的态度既十分荒谬，也是对经典创造者的剽窃和不尊重，更是一种违反知识产权的行为，是学习经典的误区。我们认为：经典是学习的范本、研究的对象、运用的参考，而绝不是模仿的标本、传承的衣钵、成功的捷径。

事实上，经典是不可能真正被复制的，所有经典都是一定时期、一定范围的特殊集成者，离开这些无法再现的条件，任何经典拥有的韵味将无法还原。就拿我国金银错的经典之作"金缕玉衣"来说，用现在的技术，完全可以制作出比它更美的作品来，但依然无法媲美西汉的"金缕玉衣"。首先，你是模仿它，没有经典可言；第二，用1000多年后的技艺去媲美之前的技艺，没有说服力；第三，历史价值更是无法体现。

历史上任何的经典都不是刻意去策划的，也不是谁能自封的，真正的经典只有通过历史的检验和后人的比较才能实现，如果它们在一定时期和范围里具有极高的独特性，能为其他作品或思想带来普遍的指导作用，具有权威性、典范性，那它就能成为经典。这个现象告诉我们，不要以盲目的幻想来创造经典，要扎扎实实、认认真真地积"小为"，从积累中丰富自己的创作能力，并且尽可能地从经典中发现未来的创作空间，把聪明的智慧积淀到厚积薄发的程度，在适当的时间与空间里变"大为"，让历史来评判你的作为。

不是所有的经典都是惊天动地的，只要在相对的时空范围里，创造出极致，达到一定高度，都可能成为经典。20世纪100项影响人类的发明中，有一项是我们难以想象的发明——螺丝和螺母。仔细想来，如果没有它们，几乎不可能有如今各种庞大的装备及精密的设备，称它为经典实在不为过。在珠宝首饰设计领域里，也有很多的元素都可称之为经典，如回纹、凤样、肖图、印案；又如写意、抒情、模拟、夸张等，都是经典内容和方法，它们虽然细杂，可经历史淬炼，堪称经典，对如今的创作具有十分重要的价值。因此，当大家进入一个创作艺境里，只要是真正地、用心地去设计自己内心感悟的作品，不论大小，都比狂想成为经典作品会更有意义，如若有超常的发挥，天赋的迸出，就可能大器天成，离经典会更接近。

时尚是把当今的需求变为一种行为，延续不断创造的追求

同时，我们严肃地指出，为了欺骗不知者，或为了迎合不规者，用抄袭、剽窃、移花接木的方法去对待经典作品的行为是需要摈弃的，这不但会玷污设计师的声誉，还会影响设计师的价值，最终将贬低自身人格和职业道德。

谈完了经典，再就时尚做些探讨。按现代汉语辞书的解释：时尚即为当时的风尚，一时的习尚。当然，对于时尚的内涵理解，可以仁者见仁，智者见智。时尚风云人物可可·香奈儿认为：突破传统，创造新意，就是时尚的规律；时尚大师拉格菲尔德认为：把经典的元素加上时代的内容，就能创造出时尚。说到底，时尚是把当今的需求变为一种行为，一种能被大多数人接受的趋向。

作为珠宝首饰设计师，对时尚的认知和感受，在创作设计中具有十分积极的意义。我们常说：要创作出新颖独特、风格鲜明的珠宝首饰作品，以满足不断变化着的市场需求，这种追求就是一种创造时尚的深刻举动。有人认为，时尚是对经典的延续，也是经典的生命回照。作为设计师应该有责任、有作为地去研究和认识时尚的意义与价值。

从业几十年的设计经历，让笔者看到许多现象，有的设计师把时尚性珠宝首饰视为一种简单的、低价值的产品；也有的设计师将时尚性珠宝首饰视为一种情趣通俗的、不登大雅之堂的产品。产生这些认识，可能是受到快消费品特性的影响，因为这类产品多以低廉、低价、低品质为特征，由此，让设计师形成了这种观念。不过，时尚并非完全是这种概念成分，任何产品的时尚性都不是以价值（或价格）的贵贱、品质的优劣作为衡量的尺度，更没有豪华的、稀有的是经典，而简约的、大众的是时尚这种说法。如若这样，国际上的高级珠宝首饰就没有时尚性了，也不会有时尚人士去关注或购买，显然非也。如拉格菲尔德和可可·香奈儿那样对待时尚，就能正确地认识时尚的含意，也能掌握时尚的精髓，创造出对得起时代，对得起历史的作品。另外，能将时尚的珠宝首饰创作得精美出色，成为一个历史的典范，经过一定时期的检验，也可以变为一种经典。对于这一点，无论是卡地亚，还是蒂芙尼的珠宝首饰都已经告诉了我们答案。经典是对过去而言，时尚是对今天而言，今天的时尚可以成为明天的经典，关键在于作品生命力是否强健。

探讨经典与时尚，对珠宝首饰设计师来说，不但是为了在理论上清楚它们的内涵，更是为了在实践中把握其要义，以便在设计创作过程中，

当大家进入一个创作艺境里，只要是真正地、用心地去设计自己内心感悟的作品，不论大小，都比狂想成为经典作品会更有意义，如若有超常的发挥，天赋的迸出，就可能大器天成，离经典会更接近。

作为珠宝首饰设计师，对时尚的认知和感受，在创作设计中具有十分积极的意义。

要创作出新颖独特、风格鲜明的珠宝首饰作品，以满足不断变化着的市场需求，这种追求就是一种创造时尚的深刻举动。

时尚是对经典的延续，也是经典的生命回照。作为设计师应该有责任、有作为地去研究和认识时尚的意义与价值。

珠宝首饰设计师要敏锐地觉察到时尚的因子，拥有引领时尚的觉悟和能力

自觉地、正确地运用两者的规律，帮助我们有目的、有方向地去实现作品的最佳表达。每个珠宝首饰设计师都是由今天的实践，去实现明天的灿烂，也就是由时尚开始，向经典学习，从而有可能成为明天经典的一部分；即使没有可能成为经典，但你已经将经典的生命延续着，并且做了相当有价值的探索，只要矢志不渝、勤奋追求，终究会有回报的。

另外，需要注意的是，在面对市场和消费者时，设计师一定要有引领时尚的觉悟和能力，也就是先他人而敏锐地感悟到时尚的因子，始终能率领大众去欣赏、领会时尚的魅力与价值，不断地把时尚因子放大、扩展，创造一波又一波的时尚浪潮。同时，适应人们多变的追求，运用时尚的因子使设计多样化，让人们生活的各个角落都充满时尚的气息，让设计也更具活力。人情日暮有翻覆，奇巧妙计可应变。

在面对市场和消费者时，设计师一定要有引领时尚的觉悟和能力，始终能率领大众去欣赏、领会时尚的魅力与价值，不断地把时尚因子放大、扩展，创造一波又一波的时尚浪潮。

找好典范　仔细体会

a. 了解品类
b. 看懂结构
c. 识别材料
d. 分清造型
e. 掌握比例

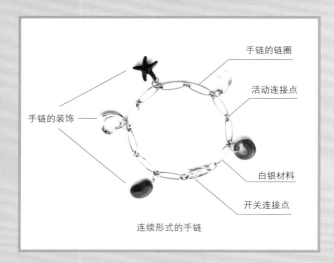

手链的链圈

活动连接点

手链的装饰

白银材料

开关连接点

连续形式的手链

耳坠穿戴
装置部分

弹簧夹式结构

耳坠装饰部分

自由式装饰图形

宝石吊坠部分

K 金材料

活动连接点

镶嵌宝石坠子

自由形式的耳坠

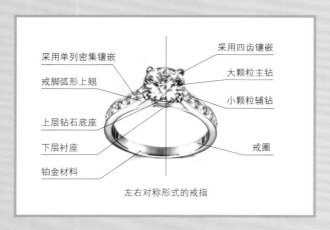

采用单列密集镶嵌

采用四齿镶嵌

戒脚弧形上翘

大颗粒主钻

上层钻石底座

小颗粒辅钻

下层衬座

戒圈

铂金材料

左右对称形式的戒指

黄金材料

开关连接点

项圈部分

连续纹样

活动连接点

主题装饰纹样

镶嵌小颗粒红宝石

胸饰部分

自由形式的胸饰

方略六
设计表达的实现

实践是设计最重要的目标体现
——珠宝首饰设计步骤之一

　　这里讨论的实践是指：珠宝首饰设计的创作及其完成的过程。这种实践是每一个设计师最基本、最重要的体验，也是其目标最终的体现。无论已经从事珠宝首饰设计多年的设计师，还是新晋的设计师，都是通过实践来开展整个创作任务，并由此进行一系列的创意、思索、提升、改进等设计活动，进而向着既定的目标进发。

　　我们的珠宝首饰设计师，在进入设计领域之前，或多或少都已受过关于这方面课程的教育，也许还有一定的实践体验。然而，这里探讨的实践更为专业，也更为系统，是以一个较为深入的角度来认识实践的内容、措施、方法、要求，把之前的知识运用于工作中，全面地完成珠宝首饰设计及创作的整个过程。

　　珠宝首饰设计的实践，是一种从感性认识到理性认识的过程，其中包含了由认知条件、对象确认、行为准备的感性认识阶段，再到形成创意、表述内容、呈现结果的理性认识阶段，如有需要，还会出现修改创意、变更表述、再现结果的循环阶段。而且，每个阶段因设计师的能力不同，其过程的实施会不同。因此，实践可以完善我们的设计能力，还可以提高我们的设计水平，是珠宝首饰设计师极其重要的功课。

　　在实践中，需要注意以下几个基本问题。

　　第一，创造条件去多多体验。不少新晋设计师由于初入该行，无论是行为还是能力，都可能对珠宝首饰的认识和了解甚浅，不敢直接去体验，希望老师或前辈指点着慢慢切入，最好是从模仿他人的作品入手。这种想法可以理解，在一定的时期里也是需要的，但就实践的本身来说，这会影响你的实践过程及其质量。因为，他人的实践和体会不能替代本人的实践与体会，而且这个过程会无形地导致受他人的思维模式、创作

　　珠宝首饰设计的实践，是一种从感性认识到理性认识的过程，其中包含了由认知条件、对象确认、行为准备的感性认识阶段，再到形成创意、表述内容、呈现结果的理性认识阶段，如有需要，还会出现修改创意、变更表述、再现结果的循环阶段。而且，每个阶段因设计师的能力不同，其过程的实施会不同。因此，实践可以完善我们的设计能力，还可以提高我们的设计水平，是珠宝首饰设计师极其重要的功课。

深入分析 理解概念
a. 掌握身份
b. 辨别文化
c. 了解差异
d. 理解用途
e. 理清元素

时尚首饰：具有流行时尚元素的内涵

女性戒指：具有轻柔细腻的特征　　男性戒指：具有壮实硕大的特征

古典首饰：具有历史传统元素的内涵

日常首饰：具有轻巧简洁的造型
结构　　　　晚宴首饰：具有豪华雍容的造型
　　　　　　结构

中国首饰：具有中国珠宝文化
（如翡翠、白玉）的元素表达　　西式首饰：具有西方珠宝文化
　　　　　　（如钻石、彩宝）的元素表达

风格影响，形成影子式的实践程式。如果不控制这个过程的节奏，时间太长会不利于自己的实践质量。我们认为：亲身的实践比不敢前行更有价值，珠宝首饰设计本身就是实践的行为，只有通过大量的实践，你才能体会其内涵，才能帮助你快速的进步。因此，要创造条件去多多体验，这个认识越早，得益越多。

第二，在实践中多多总结。作为一项实践内容，通过大量的亲身体验会带来许多感受和经验，在这些感受与经验中，有的可能比较积极、正面，也有的可能消极、负面，对此必须及时地加以总结，不能看之忍之。不少设计师，经过多年的实践，本该很有作为，但由于缺乏总结，发现问题没有及时改进，使进步的速度和质量不尽如人意。事实上，实践与总结的价值是同样重要的，没有实践不能获得感悟的内容，而没有总结则不能提升感悟的质量。因此，我们认为：在实践后的一定时期里，非常有必要及时进行总结，将实践中的得失提析一番，针对其中失误的、失败的内容，分析原因，看清根源，加以纠正；将其中正确的、成功的部分保留下来，作为进步的基石，不断积累，提高自己的实践能力。

第三，在实践时找对契机，找准角度。可能对新晋设计师来说，由于没有设计的经验，不管是契机还是角度，都很难发现。因为这个缘故，有时会导致不甚理想的实践结果，有的会走弯路，有的会浪费时间。那么，怎样找对契机呢？"机会是给做好准备的人"，找契机的时候必须有准备，要从思想、心理、行为上做到充分准备。契机就是时机，通常大家可以根据自身特点寻找契机，如对某类首饰（戒指或手镯等）比较有感觉，抑或对某些材料（黄金或铂金等）比较有兴趣，以此作为实践的契机，这样可以减轻思想和心理的压力，也容易产生动力。怎样找准角度呢？这同样要依据自己的认识来处理，如在学习设计期间，对珠宝首饰有较深入的理解，那就可以从结构较复杂的产品开始实践，反之，也可以从结构较简单的产品开始着手，这样可以建立信心，避免力不从心的感觉。

第四，在实践过程中要辨明方向，走对路线。我们在实践时，主观上都是向着理想的目标奔去，即设计出有创意、有风格、有市场的产品。但要实现这一目标，其路线图可能因每个设计师的能力与方法不同，而有所差异。问题是这种差异，如果与目标方向是一致的，那最终自会达到；可如果与目标方向不一致，那可能会南辕北辙。我们的同行中就有

勤奋练习 积极思索

a. 画清结构
b. 画好造型
c. 分辨元素

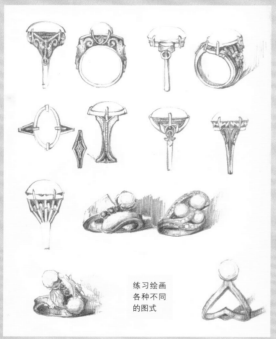

练习绘画
各种不同
的图式

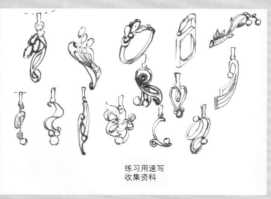

练习用速写
收集资料

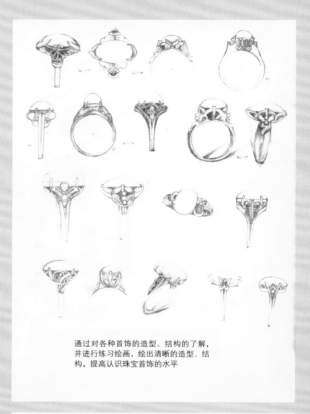

通过对各种首饰的造型、结构的了解，并进行练习绘画，绘出清晰的造型、结构，提高认识珠宝首饰的水平

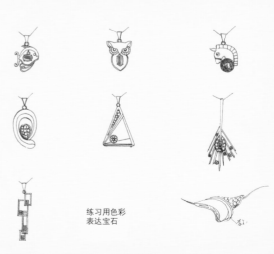

练习用色彩
表达宝石

一些人，起初都是想成为一个有作为的珠宝首饰设计师，但对于怎样才是"有作为"的目标理解上，出现了一些偏颇。有的把目标定的不切自己实际能力而过于激进，有的把目标定的过于保守，最后，要么始终达不到目标高度，要么目标过低而作为不大。因此，建议大家辨明方向，确立一个个短期目标：即通过1～2年能实现的目标，达到后，再设立1～2年更高的目标，通过这种循序渐进的过程，最终达到心中理想的目标。

在实践中，需要抓住以下几个关键问题。

第一，找好典范，仔细体会。进入实践阶段，要根据自己的体验目标，找好典范。例如，是以珠宝首饰中的戒指作为体验目标，那就要把戒指的典范作品挑选出来，从单粒宝石镶嵌式、主宝石辅配小颗粒宝石式，到四齿镶嵌结构、密集镶嵌结构；从对称形式、非对称形式，到单层式结构、多层式结构的产品中，寻找具有代表性的作品。通过观察，仔细体会它们的形式特征、结构组成、整体安排、组列秩序等。由此，寻出其中的规律，为自己提供有效的实践范例，这样就不至于走入旁门，不得要领。

第二，理解概念，深入分析。当确定进行产品设计实践时，一定要对将诞生的产品概念理解清晰。例如，是哪些消费对象（女性或男性）佩戴的，是用于哪些场合（婚庆或日常）佩戴的，适用于哪些人群（年老或年轻）使用的，适合于哪些地域（城市或农村）使用的。理解这些概念，是为了在设计时，充分考虑他们的消费特点与佩戴要求，进而帮助自己在设计中深入分析产品的形式和特性，有效地实施最终作品的表述，并达到之前的设想目标，防止在实践时因概念模糊，导致产品定位不够准确。

第三，积极思考，勤奋练习。许多时候，对一件作品的创作设计需要经过一番斟酌思索，而这个斟酌思索过程的质量如何，将影响到设计产品的成功与否。一些新晋设计师经常把自己的第一想法，作为最终的产品表达，而不经深思熟虑、积极探索，这样的作品完善度往往会比较低。正确的方法是：要提出几种方案，并把这些方案放在一起积极思考，将其中的合理之处进行优化组合，这样才能比较完善地表达出最终的理想作品。此外，要勤奋地练习这种实践过程，使作品臻于完美。

建议大家辨明方向，确立一个个短期目标：即通过1～2年能实现的目标，达到后，再设立1～2年更高的目标，通过这种循序渐进的过程，最终达到心中理想的目标。

找好典范，仔细体会。进入实践阶段，要根据自己的体验目标，找好典范。

理解概念，深入分析。当确定进行产品设计实践时，一定要对将诞生的产品概念理解清晰。

积极思考，勤奋练习。要提出几种方案，并把这些方案放在一起，积极思考，将其中的合理之处进行优化组合，这样才能比较完善地表达出最终的理想作品来。

练习绘画
效果图

练习绘画
平面图

练习绘画
侧视图

勤奋练习 积极思索

d. 懂得组合

e. 择优表达

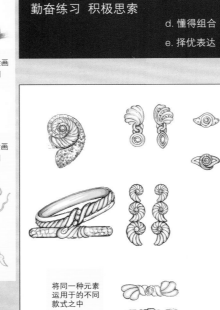

将同一种元素
运用于的不同
款式之中

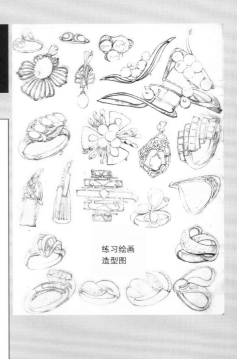

练习绘画
造型图

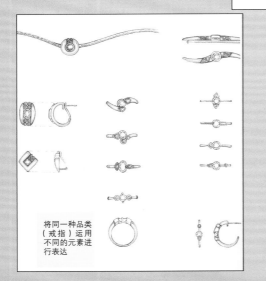

将同一种品类
（戒指）运用
不同的元素进
行表达

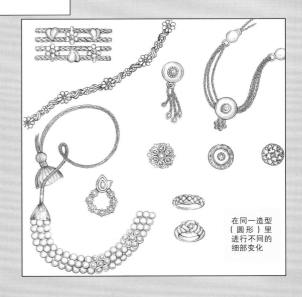

在同一造型
（圆形）里
进行不同的
细部变化

　　第四，反复比较，不断提升。在实践过程中，不管是在一件作品的设计后，还是在一个阶段的设计后，都要反复加以比较，通过比较发现和认识自己的成败，以利于自身的设计方法提高与设计水准升华。这种比较的方法，既可以通过同自己过去的作品进行比较，也可以通过和他人的作品进行比较，或者通过与一些经典的作品进行比较。当你在比较过程中，看到了自己的问题和不足，那就表明你已经有了进步与提升。如果不能发现问题和不足，除非已经达到了相当的水平，否则，还得深刻地反思原因，找出其中的根源。同时，也可以通过向同行请教，倾听他们的看法与分析，帮助自己认识问题的所在，让自己得到提升。

　　珠宝首饰设计的实践，是一个设计师长期的体验过程，从进入这一行起，就是一个相行相伴的行为，虽然在不同时期、不同阶段，其过程会有所变化，但这种实践行为的宗旨始终如一，就是为了实现设计师的理想目标，让每一件作品具有最鲜明的风格、最完美的形式，使其成为拥有者心目中最必然的选择。因此，设计师为之付出再大的努力，都是值得的。

　　反复比较，不断提升。在实践过程中，不管是在一件作品的设计后，还是在一个阶段的设计后，都要反复加以比较，通过比较发现和认识自己的成败，以利于自身的设计方法提高与设计水准升华。

使用者对产品的品类、材料、工艺、风格、价格等需求的信息。

产品信息收集

使用者的身份、年龄、用途、场合、特殊的使用等信息。

背景信息收集

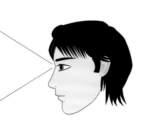

认 知 准 备

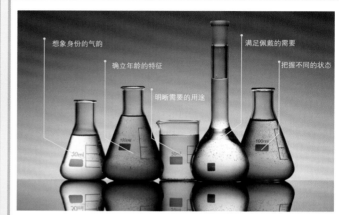

想象身份的气韵

确立年龄的特征

明晰需要的用途

满足佩戴的需要

把握不同的状态

对佩戴者的内涵准备

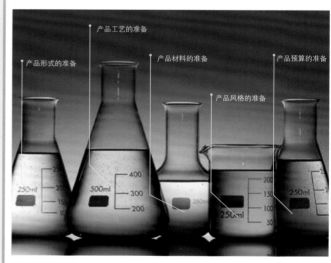

产品形式的准备

产品工艺的准备

产品材料的准备

产品风格的准备

产品预算的准备

对产品的内涵准备

内 涵 准 备

准备是设计最需要的内容实施
——珠宝首饰设计步骤之二

本文将要讨论的准备是指在珠宝首饰设计过程中，所有对创作具有帮助或辅助作用行为的总称。常言道：不打无准备之战，不打无把握之战，准备对于成就一件作品或事情有着非常重要的价值。同理，要完成珠宝首饰设计任务，准备工作也有着特别的意义。当你要创作设计一件作品或一项内容，对其实施要求、作品内涵、目标结果不甚清晰，或无法深刻理解时，就不可能准确完成它，也不可能有所作为。要真正顺利完成任务，必须对其所有相关的内容有认知的准备，也只有做好这种准备，才能拟就方法和程序，并制订出可行的行为路径。由此不难看出，准备是设计过程中不可或缺的内容。

珠宝首饰设计的准备包括认识准备和行为准备两大方面。在认识准备中，有认知准备、内涵准备、思路准备；在行为准备中，有素材准备、工具准备、表达准备。

认知准备。所谓认知，是指对表现对象的所有一切相关内容的了解和掌握。无论是设计什么产品或内容，在其进行过程中的第一步，就是全面了解和掌握与之相关的信息，如对象的性质、特征、要求等。这种信息越详细、越全面、越准确，对之后的创作设计帮助越大。例如，需要设计一件项链首饰，就要知晓佩戴对象的年龄层、职业类型、使用场合，在此基础上，要了解能够适配的材料、结构、尺寸等信息。若有特殊情况，还需掌握价格、习俗、风尚等特殊资讯。唯有如此，你才可以按这些对象的需求，形成作品的大体设想。

内涵准备。有了作品的大体设想，设计师就要准备确定概念范畴，在范畴内，尽量把对象的需求全面地体现出来，此时，越是完整，越是合理，越是精准，那么，内涵便越是深刻。内涵准备是对认知准备的

珠宝首饰设计的准备包括认识准备和行为准备两大方面。在认识准备中，有认知准备、内涵准备、思路准备；在行为准备中，有素材准备、工具准备、表达准备。

认知准备。所谓认知，是指对表现对象的所有一切相关内容的了解和掌握。无论是设计什么产品或内容，在其进行过程中的第一步，就是全面了解和掌握与之相关的信息，如对象的性质、特征、要求等。

内涵准备。有了作品的大体设想，设计师就要准备确定概念范畴，在范畴内，尽量把对象的需求全面地体现出来，此时，越是完整，越是合理，越是精准，那么，内涵便越是深刻。

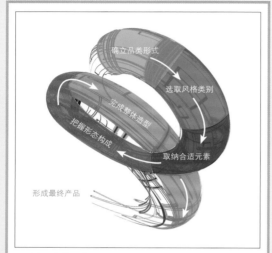

以形式为先的思路准备

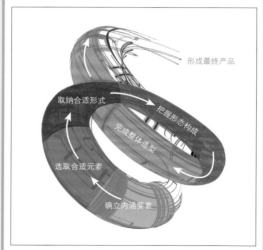

以内涵为先的思路准备

思 路 准 备

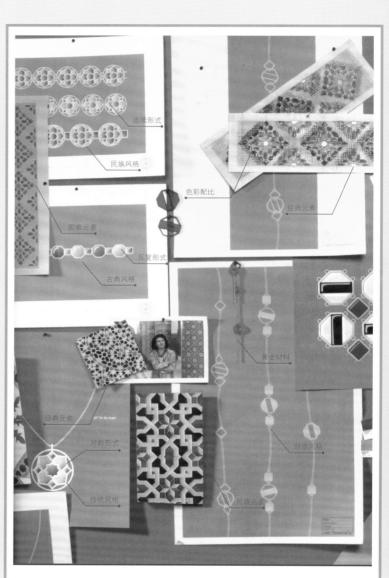

元 素 准 备

深化，它是把认知准备变成某种具体内容的过程，是将设计师要表达的意趣、情感去匹配对象（佩戴者或拥有者）需求的一种行为，以此来赋予作品一定的表达内涵。内涵准备中最大的困难是，所要体现的内容较多，而能表现概念的载体有限。例如，在一枚戒指里，既要看到年龄层的明确，使用场合的适宜；又要感到作品品质的优异，作品价格的低廉。为此，设计师要学会突出重点、合理取舍，要有所为、有所不为。

　　思路准备。对于思路的准备，可以分为两个部分，一部分是对整个创作设计准备过程的思考行为，即怎样规划准备路径，并设置相应的安排；另一部分是对准备阶段中的思考行为，即认知准备与内涵准备之后的相应思维安排，对于这种思路准备，主要是考虑怎样具体地把一件作品、一项内容，准确合理地表现出来，达到使用者或拥有者的理想状态。此时的思路准备，要在通过之前的两个准备的基础上，去思考怎样策划最终作品的完美表现形式的内容。对于有实践经验的设计师来说，会在前两个准备之后，拿出一个或几个方案，供自己比较、整合、取舍，再策划作品的最终形式内容。对于新晋设计师来说，可能会遇到无从在较多信息和要求的基础上做整合思考，如作品本身表现的载体有限，要把所有的表达内涵容纳其中，不知如何取舍，不能达到比较合理的状态。对于这种情况，在思考时，有几种选择的准备方法供参考，一种是确定（按重要程度排出顺序）内涵后，对表现形式做出选择；一种是确定形式后，对内涵做出选择；还有一种是综合平衡，将内涵与形式各做舍取，然后做出选择。

　　素材准备。经过认识准备的阶段后，就需要在行为上开始进行积极的准备。如果说认识准备是思维性的，那么行为准备就是操作性的。所谓的素材准备，是指对表达内容中涉及的相关材料进行处理的过程。由于经历了认识准备后，对表达对象（使用者或拥有者）的要求及形式有了较为充分的认识，也在思路上有了多种选择，在此情况下，设计师应对有价值的信息和内容进行有的放矢的整合，需要使用哪些素材，必须及时收集处理，如文字、图案、纹样、标识、数据、色彩、材料等。对于素材准备过程中的整合，是需要花工夫去斟酌的，因为它是设计中最基础的元素，也是作品最基本的细胞，它的多少、精粗、取舍将直接影响作品的效果。我们曾见到过一些新晋设计师，对素材往往不做斟酌，要么毫无选择地纳入，要么不得要领地拿取，结果使作品繁乱一团，抑

色板参照准备
制作材料参考准备
铅笔准备
纸张准备
彩色笔准备

工 具 准 备

或苍白一片。事实上，好的素材准备是将它们按重要性进行排序，设计时根据需要进行调节，要多则多、要少则少。同时，还需要对素材本身进行加工，如色彩、比例、数据按作品的特点给予修整，让素材成为作品完美表达的基础。

工具准备。这里的工具是指设计表达的媒介和用具。随着设计表达的方式与方法的多样性，其表达工具也呈多样化，如有传统的线描法、彩绘法，也有电脑绘图法、电脑制样法等。在选择某种表达方法时，应该对它涉及的用具或装备有所准备。对于传统的设计表达方法中的相关工具，可能大家都比较清楚，如果在学习珠宝首饰设计时有一定基础，那么对自己常用的工具及材料是不会陌生的。无论是纸（卡纸、比例纸、水彩纸等）、尺（直尺、比例尺、模板尺、曲线尺等），还是笔（铅笔、毛笔、针笔、水彩笔、颜色笔等）、圆规、色卡及工具书，只要是自己熟悉和方便取用的，都可以采用。如若使用电脑表达的话，对其软、硬件的操作性能要熟悉。有人问：传统的工具好，还是现代的电脑工具好？我们认为难分伯仲。作为设计工具，它们只是不同表达方式的器具，从理论上说，不会影响作品的最终质量，只是在不同的场合，它们的效果有所差异。例如，在一些珠宝首饰设计比赛中，可能电脑绘图的效果更强烈些，装饰性更佳；在生产制作时，传统的图稿可能更实用、更有效（特别是 1:1 比例图稿更具有指导作用）。当然，有可能的话，对两种表达方式都应该掌握运用，这样可根据不同需要采用。

表达准备。所谓表达是指作品的最终体现。通过一系列的准备，无非都是为了准确地、完美地、形象地将产品的设计内容表达出来。对于这一步骤，要注意好几个环节。关注表达内涵的重点有否偏离，许多时候，受准备过程影响或各种因素的制约，表达内涵不自觉地偏离了最初意愿，这是需要重视的。若出现这种情况，必须及时做出调整，一定要将内涵的重点予以突出。关注最终表达素材选取是否得当，在准备素材时，有时数量或多或少，在表达时会出现失衡，顾此失彼，这就需要在表达时，依据情况做出决断，必须精准地取舍或平衡，重要的素材可以优先考虑，非重要的素材可以及时排除，兼于两者间的要有所取舍。关注表达工具选择是否合理，如先前所说，不同的工具可以造成不同的表达效果，而这种效果是需要根据不同的场合与用途来选取。分析思路抉择是否正确，对于这个问题有人会问：什么思路是最正确的。我们认

表达圆的不同构成

内涵的重点突出

表达准备

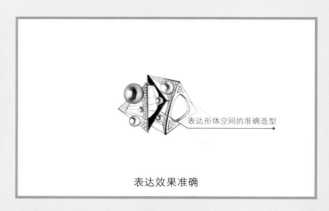

表达形体空间的准确造型

表达效果准确

采用手链、项链表达合适
的贵金属与珠宝的结合

表达思路合适

用月亮盒做表达素材

素材选取得当

采用梯方钻石来表达对
几何造型的空间判断

表达认识判断

为：没有最好的，只有合适的，当确认了表达内容后，重要的是去选择合适的表达思路，任何一种表达思路都不可能是唯一正确的，也因此同一内容表达，不同的设计师会有不同的思路。可以这么说，表达的准备就是对各种因素、各个重点、各项认识做出一定的判断和选择，以此形成一种比较完善的、表达前的整合过程。

　　关于珠宝首饰设计的准备，已经做了一定的介绍，可能有的设计师看了后，觉得这种准备的意义和价值不是很大，况且在他们的学习设计课程中，没有特别强调这些。确实如此，许多珠宝首饰设计教材里，会介绍各种设计的表达方法和方式，可是对于在实际产品的设计中怎么来准确运用这些方法和方式，往往语焉不详，使一些新晋设计师在企业里无法把握产品的设计需求。事实上，珠宝首饰设计师的成功作品都是在大量准备的基础上得以完成的，台上一分钟，台下十年功，这种功夫一定包含着坚实的准备工作。也因此，许多有作为的珠宝首饰设计师在设计产品时，准备的时间大大超过了表达的时间。如果你过去不曾对设计前的准备有所认识，那么现在应该重视它。

　　表达的准备就是对各种因素、各个重点、各项认识做出一定的判断和选择，以此形成一种比较完善的、表达前的整合过程。

　　事实上，珠宝首饰设计师的成功作品都是在大量准备的基础上得以完成的，台上一分钟，台下十年功，这种功夫一定包含着坚实的准备工作。

人群不同需求

价格承受能力

生活方式需求

区域文化习俗

珠宝首饰设计师要从客观生活及世界中去寻找表达的元素

方略七
设计表达的要点

生活是设计最深刻的文化表达
—— 珠宝首饰设计步骤之三

　　诚然，任何设计都是以某个产品或某项内容为目标，通过这些产品和内容来体现设计师创作智慧，展现充分想象。可是那些智慧与想象是来自于哪里呢？按照认识思维规律来说，它一定来自于客观生活及世界，只有在对客观生活及世界深刻认识的基础上，产生感悟并结合自身的能力，形成特定的思维表达，最后才能创造出相应的产品或内容。

　　依据这个规律，珠宝首饰设计师同样要从客观生活及世界中去寻找表达的元素，运用自身的思维能力表达对它们的认识和感悟，创造出具有一定价值的作品或内容，成为人们愿意接受与使用的产品。同时，为了让作品或内容产生广泛的影响力，必须从大多数人的生活出发，去表达他们熟悉并认可的生活价值和文化意义，引导和满足他们的追求渴望。

　　从珠宝首饰设计的实践来说，要达到这一目标，非常需要我们对周遭的生活予以关注和重视。大家知道，珠宝首饰作为人们生活的一部分，虽然比之生活的必需品（吃、穿、行用品），不能直接产生物质性的感受（部分实用型首饰除外），但从精神层面还是会对生活产生一定的影响，甚至成为较高生活水准的象征，且随着生活的不断改善、不断提升，对其追求的愿望会越来越强烈。因此，只有通过关注生活，才能发现他们的各种需求，包括愿望。

　　每一种生活形态，都会造成一定的文化生态，由文化影响力在生活中烙上痕迹。这种生活与文化的关系，是珠宝首饰设计师必须了解和研究的，设计师在这个问题上认识的差异，会直接反映在表达时的深刻程度上，一旦认识不足，设计的产品往往表达力较弱。为此，我们现在将

珠宝首饰设计师同样要从客观生活及世界中去寻找表达的元素，运用自身的思维能力表达对它们的认识和感悟，创造出具有一定价值的作品或内容，成为人们愿意接受与使用的产品。

为了让作品或内容产生广泛的影响力，必须从大多数人的生活出发，去表达他们熟悉并认可的生活价值和文化意义，引导和满足他们的追求渴望。

生活价值观念

生活真实意义

生活质量追求

生活文化表达

要在生活中发现本质现象和真实意义

其作为珠宝首饰设计的步骤加以探讨，希望大家在设计实践中，自觉地提高这种意识，并运用于工作中。

第一，要在生活中感受人们的真实态度。作为珠宝首饰设计师，对于生活的感受，不应是常人的普通感觉、感知，而是要以一种强烈的责任感去捕捉、发现生活中人们的各种态度、方式、行为，用专业的眼光来判断产生的缘由，从中归纳、分析出人们生活的真实性，为创意设计汲取有鲜活感的、有价值的元素，特别要关注人们在生活中对珠宝首饰的感受。有条件的话，可以开展一些专业性的民意调查，通过选取不同人群的样本，将人们对珠宝首饰使用的数量、场合、要求、价格等情况收集起来，作为了解、研究的基础，从而发现人们在生活中对珠宝首饰的真实态度。也可以通过销售资料来分析不同产品与不同人群的关联，并把这种关联提升到有运用价值的范畴。总之，在生活中要有目的、有重点地去感受人们与珠宝首饰的关系，以及这种关系的真实态度，掌握最准确的信息，提高判断能力。

第二，要在生活中发现其本质所在。作为珠宝首饰设计师，在感受生活时，不能仅仅是一个资料的收集者，即使这项工作有着极大的意义，但我们还是认为，在此基础上，还得对这些信息做进一步的研究，即它们为什么会如此？在这些信息的背后是怎样的理念在操控？如果能进入这个层面，也许就能发现生活的一些本质。每个人在生活中使用珠宝首饰，都是受自己的理念支配和驱使，不同年龄、不同职业、不同地域的人群，都会显示出不同的观念，这种观念就是他们生活本质所在。不同经历、不同环境，会形成特定的价值观，通过这种价值观去影响他们对于珠宝首饰的认识和选择。如若掌握了这些生活观念或价值观，对创作设计无疑有着重要的作用，同时也能提升自己的思辨水平。

第三，要在生活中领悟其真实意义。作为珠宝首饰设计师，在感受生活时，不能缺乏对生活真实意义的感悟。为什么人们在不同的生活阶段会选择不同的珠宝首饰？这个时期的社会发展与珠宝首饰形成怎样的关联？在寻找这些问题的答案时，要对这些真实的意义有所感悟。例如，如今人们在结婚时，都会选择一些婚礼珠宝首饰，如果作为常人，一般觉得这是很普遍的现象，也许觉得这是一种风尚，无需知道背后的

真实意义。可对于珠宝首饰设计师来说，就需要去寻找背后的原因和意义。作为人生的重要时刻，结婚对于任何人来说都有着非同一般的意义。为了留住这刻光阴，虽然不能将时间凝固，但可以通过某种物质给予记载，而珠宝首饰可以满足这种需求。它的材料十分珍贵，制作又非常精致，通过它的这些特性与人们向往的意境匹配，当然是最佳的组合。因此，新人会选择珠宝婚礼首饰，纪念这个特殊的时刻。其实，在生活中此类现象比比皆是，就看如何去发现和感悟。若大家能有此类感悟，那对设计实践将会产生莫大的帮助，你可以发掘出各种各样的丰富创意。感受和领悟生活的现象、本质及意义，旨在提高珠宝首饰设计实践中的表达性。珠宝首饰设计师不是生活的旁观者，而是积极的参与者，要给生活中的人们带去他们熟悉和接受的文化价值与作用，并持续提升他们的文化自觉性，使作品拥有良好的生存环境，这是珠宝首饰设计师的价值所在。因此，在设计实践中要把这一步骤落实好、执行好。

第四，寻找生活中的文化生态。因生活而成的文化生态是多种多样的，需要去寻找和研究。笔者曾在中外文化比较过程中，概括性地做了一些论述，现再做些补充。一些大公司的珠宝首饰设计师都有体会，当一款产品问世，放在不同的区域销售，结果是不尽相同的，其重要原因之一便是不同地域的文化生态。因此，有经验的设计师会积累经验，并针对不同的文化生态来设计产品，以提高产品的针对性。由此可知，若要使产品适销对路，就必须认识产品的文化生态，如果不能了解和掌握它，无论自认为是多么出色的产品设计，都无济于事，反之，则可能事半功倍。这就是寻找和研究文化生态的意义所在。

第五，掌握生活中的文化要义。当寻找到文化生态后，要对这种文化生态的性质、特点、缘由做剖析，提炼出其中的要义。俗语说：一方水土养一方人。那么，这个水土里有些什么营养成分，可以养育这些人呢？为什么外人可能水土不服？如果能够分析出水土中的重要成分，那么，你设计的产品一定可以和那些适宜生活的人一样，生活得有滋有味。通过分析生活规律来掌握文化要义，是为了提高设计实践的质量。例如，在设计新品珠宝首饰时，为了适应全国市场销售，在同一主题下，必须尽量根据自己掌握的信息，对不同区域的产品设计有所调整，在不

珠宝首饰设计师不是生活的旁观者，而是积极的参与者，要给生活中的人们带去他们熟悉和接受的文化价值与作用，并持续提升他们的文化自觉性，使作品拥有良好的生存环境，这是珠宝首饰设计师的价值所在。

若要使产品适销对路，就必须认识产品的文化生态，如果不能了解和掌握它，无论自认为是多么出色的产品设计，都无济于事，反之，则可能事半功倍。这就是寻找和研究文化生态的意义所在。

当寻找到文化生态后，要对这种文化生态的性质、特点、缘由做剖析，提炼出其中的要义。

如果能够分析出水土中的重要成分，那么，你设计的产品一定可以和那些适宜生活的人一样，生活得有滋有味。

设计名: 竹林听声

设计师: 陆莲莲

奖　项: 第十一届中国工艺美术大师作品
　　　　暨国际艺术精品博览会金奖

要表达生活中的文化内涵与特征

能改变主题的情况下，可以对材料或重量，抑或规格做适当调整。此外，对一些文化生态特别讲究的因素要充分考量，对忌讳的、偏好的文化现象必须十分清晰。虽然，文化融合的趋势会越来越强烈，但不同民族、不同宗教存在的历史是不能改变的，它所产生的文化要义必须得到满足和尊重。

第六，表达生活中的文化内涵。作为珠宝首饰文化创导者和体现者的设计师，有责任和义务把人们生活中的文化内涵充分地表达出来，以引导人们通过珠宝首饰来展现多姿多彩的精神与文化需求。有人认为：寸厘大小的珠宝首饰，很难表达丰富而抽象的文化内涵。事实上，这是你还没有真正认识和理解生活的文化内涵，对珠宝首饰的文化领悟和表达还太浅。世界著名的香奈儿（CHANEL）珠宝首饰设计师 CoCo 小姐在设计钻石首饰"彗星"时，曾对其作品的文化内涵做了这样的解说：彗星是美感、动感与自由的象征。她把这种文化内涵作为品牌珠宝系列的设计标志，用它来表达对生活和世界的认识。这就是珠宝首饰所拥有的文化内涵，虽然作品不大，但精致、深刻。珠宝首饰文化内涵有时就是如此精简，可它的文化张力丝毫不弱。

作为珠宝首饰文化创导者和体现者的设计师，有责任和义务把人们生活中的文化内涵充分地表达出来，以引导人们通过珠宝首饰来展现多姿多彩的精神与文化需求。

设计名: 银枝翠叶
设计师: 叶金毅
奖　项: 上海市专利新产品

珠宝首饰设计师的眼界对产品作用至关重要

眼界是设计最形象的境界展露

——珠宝首饰设计步骤之四

对于广大消费者而言，优异的、杰出的珠宝首饰一定会受到赞赏与好评，这一点在一些国际著名珠宝首饰中可以得到证明，无论是卡地亚的豹形钻饰，还是蒂芙尼的花鸟首饰，抑或宝格丽的珠宝佩饰，都因其传奇、瑰丽、惊艳的设计而为人津津乐道。人们通过这些珠宝首饰，领略到了其中完美的艺术洗礼，得到了绝佳的视觉享受，以及难以言表的意境体验。由此，希望在中国珠宝首饰中也能出现此类佳作，可是，就现今中国珠宝首饰业的发展状况来看，距离这个目标还有不小的差距。这一方面是历史的原因，我国的珠宝首饰设计底蕴还不够深厚；另一方面是现实的原因，我们目前尚处在珠宝首饰发展阶段，不够成熟，还只是处于销售数量和性价比的追求中，不能达到充分认识和表现珠宝首饰的意境阶段。

这种情况告诉我们：既要根据实际状况，逐渐地改善这种不甚理想的面貌；也要进行设计理念的转变，树立对珠宝首饰全面、深刻的认识，真正懂得珠宝首饰的精神与物态关系，把精神层面的深刻揭示作为对首饰重要价值的探索，而不是把诸如材料、价格、数量放在首要位置。特别要培养设计师对于珠宝首饰意境的理解和认识，令其能高瞻远瞩地将自己的设计观念提升到一个崭新的阶段。为此，有必要探讨一下，怎样形成珠宝首饰设计师独到的眼界，去表现珠宝首饰的魅力，也作为珠宝首饰设计的重要步骤之一进行阐述。

第一，摆脱现有的珠宝首饰传统表现观念。我们多次与一些珠宝首饰企业的设计师进行交流，在和他们的接触中，发现不少设计师都是以企业的赢利为产品设计目标，根据决策者的效益目标进行设计实践，

树立对珠宝首饰全面、深刻的认识，真正懂得珠宝首饰的精神与物态关系，把精神层面的深刻揭示作为对首饰重要价值的探索，而不是把诸如材料、价格、数量放在首要位置。特别要培养设计师对于珠宝首饰意境的理解和认识，令其能高瞻远瞩地将自己的设计观念提升到一个崭新的阶段。

设计名: 如意盛金碗
设计师: 叶金毅
奖　项: 上海市旅游产品设计
　　　　大奖赛一等奖

珠宝首饰设计师要具有瞻前顾后的视野能力

而决策者的思路是：什么样的珠宝首饰利润高，就设计生产什么样的产品；或者，什么样的产品适合企业生产（这些企业本身不具备先进的设计理念与制作工艺而无奈所为），就设计生产什么样的产品。其结果是：设计师很少有空间去考量作品本身的艺术规律，如表现的独特性、意境的深刻性、形式的原创性等。

　　当然，有些企业依据自身品牌的需要，不排除会创作一些上佳的作品，但就数量和意愿，大多数企业多半不会作为主要战略考虑。因此，造成市场上珠宝首饰同质化现象严重，一哄而上的情况普遍，只要哪类产品或哪类工艺利润高或受欢迎，彼此都设计生产，然后进行价格战。这种现象虽然是由现今国情使然，但更多是观念驱使，因为企业的决策者和设计师，还没有摆脱珠宝首饰传统表现观念（直白的内容加材料的价值换取产品利润），没有自觉地按珠宝首饰的最终目标——丰富多彩的创意、别具一格的表达、生动感人的意蕴来思考。事实上，我们非常有必要认清因传统表现观念影响造成的后果，应摆脱这种制约，为推进中国珠宝首饰的发展创造有利思想空间。

　　第二，建立珠宝首饰的艺术表达观念。一旦摆脱传统的观念，就必然需要新的观念取而代之。就我们对国际珠宝首饰业的观察和分析，成功的企业都将珠宝首饰设计视为艺术表达的方式之一，也因此，不少著名珠宝首饰品牌力邀有才华的设计师、艺术家加盟。例如，蒂芙尼聘请毕加索之女帕洛玛；香奈儿聘请拉格菲尔德为首席设计师；肖邦聘请格罗丝·舍费尔为设计总监。诚然，我们现在还无法采用他们的模式，但学习这种对珠宝首饰艺术设计的重视是很有必要的。

　　当珠宝首饰从一种物质表现，走向一种意境展现，由简单的财富感受，到丰富的精神愉悦，离开艺术是无法想象的。因此，需要建立珠宝首饰的艺术表达观念，从美学观点来说，由自然美迈向理想美，是需要艺术来完成的。德国思想家康德说过："艺术确能使整个人都认识到最高境界。"当我们拥有了珠宝首饰的艺术表达观念，那离创造珠宝首饰的最高境界已经不远了。

　　第三，树立高瞻远瞩的观察方法。所谓的艺术观念，就是用艺术的规律、方法来认识和判断事物的思维。珠宝首饰设计作为艺术表达之一，

　　我们非常有必要认清因传统表现观念影响造成的后果，应摆脱这种制约，为推进中国珠宝首饰的发展创造有利思想空间。

　　当珠宝首饰从一种物质表现，走向一种意境展现，由简单的财富感受，到丰富的精神愉悦，离开艺术是无法想象的。因此，需要建立珠宝首饰的艺术表达观念，从美学观点来说，由自然美迈向理想美，是需要艺术来完成的。

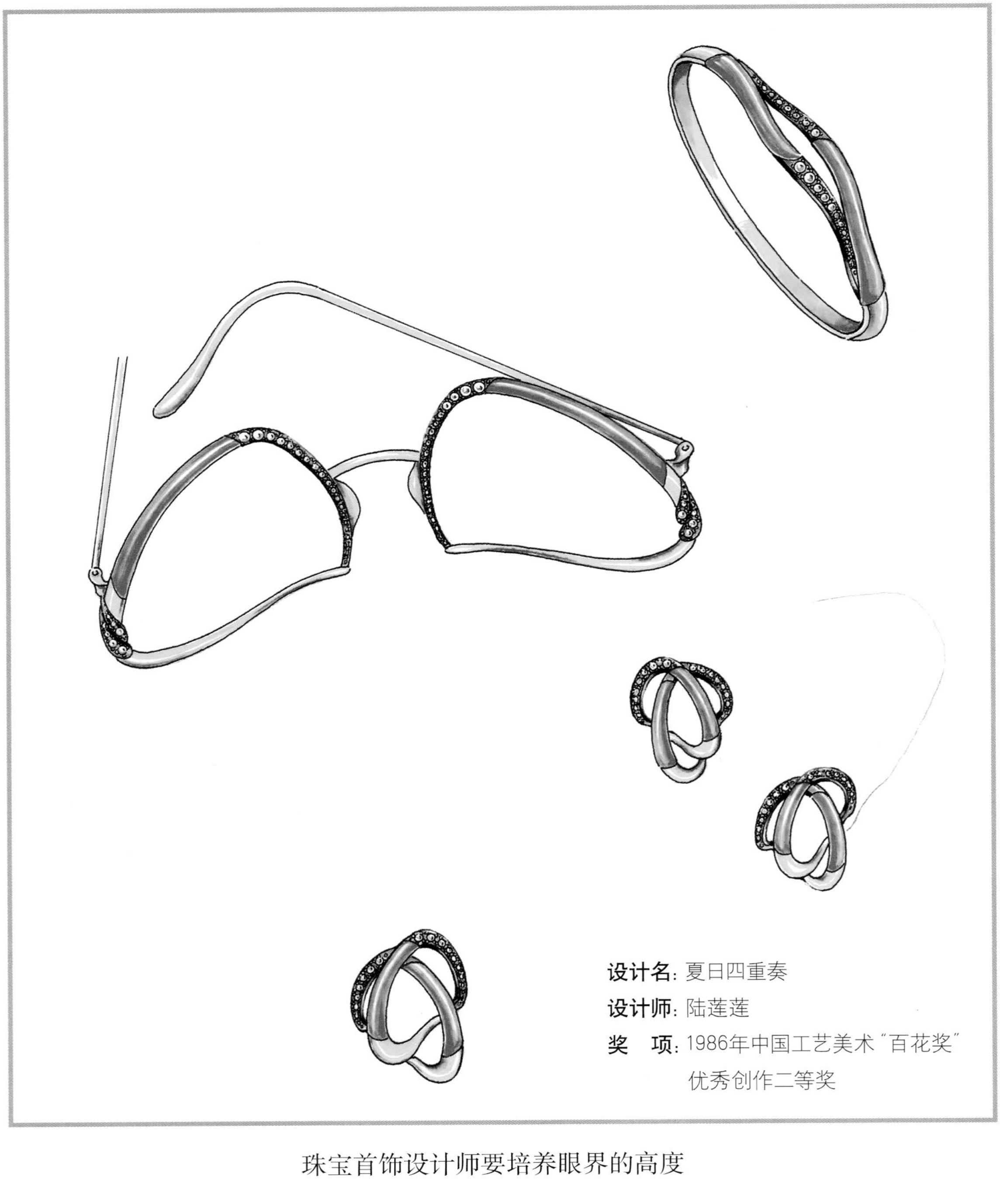

设计名: 夏日四重奏

设计师: 陆莲莲

奖　项: 1986年中国工艺美术"百花奖"
优秀创作二等奖

珠宝首饰设计师要培养眼界的高度

是需要这种规律和方法指导的，艺术作为人类认识世界独有的思维，它按照人们对于世界关照的程度及高度不同，而呈现不同的知觉与认识。因此，观察的方法极其重要，站得低，看得低，站得高，则看得远。作为珠宝首饰设计师，设计境界取决于眼界的观察广度与高度，如果要设计出脱颖而出的作品，必须树立高瞻远瞩的观察方法。

　　为了帮助大家在设计实践中，能有效地掌握观察方法，并作为珠宝首饰设计步骤之一，下面就来探讨相关的问题和实施要领。

　　正确理解概念。高瞻远瞩的含义是指，在珠宝首饰设计实践时，无论是观察事物现象，还是判断作品内容，都要比常人、比消费者眼界高远。例如，在观察各类生活现象时，能发现比别人更多、更深的信息，像特别的习俗、传奇的故事、珍贵的史料等，这些信息本身的价值就无与伦比，对于创作有着极其深刻的影响。对于作品内容的判断，能比别人的想象更丰富、更别致，如新颖的样式、独特的阐述、奇异的构成，这些想象便是个人品位的象征，也是艺术本身所需，可以带来别具一格的艺术洗礼和精神体验。正确理解这些概念，有助于设计实践质量的提升。

　　锻炼观察眼界。当理解观察的作用后，就需要去锻炼观察的眼界，提高观察的水平和质量。从人类认识世界的规律来说，对事物判断的深刻程度，完全依靠观察者的感知方法与感知水平，如果方法简单，水平甚弱，那么得到的结果也就粗浅。因此，珠宝首饰设计师必须重视锻炼自己的观察能力，敏锐地感知新生事物及现象，前瞻性地发现事物变化，机智地分析现象特征等，这种观察能力的拥有和提高，对于珠宝首饰设计实践有着相当积极的作用和意义。但凡在创意设计中有出色表现者，其观察方法必然是独特和深邃的，眼界也自然是宽广、高远的。

　　融艺术于观察中。珠宝首饰设计师的观察，不是简单的耳听目染，或纯粹的旁观者，而是事物与现象的自觉透视者，在透视中置入强烈的艺术观感，从而发现、认识事物及现象的本质，并将它们深刻地揭示出来，像地域文化的特点、时尚风潮的源头、欣赏品味的演变等。在对这些现象的透视过程中，自觉运用艺术的规律与方法，并在表达时给予准确、深刻、成功的展现。我们经常赞叹那些著名珠宝首饰的艺术感染

高瞻远瞩的含义是指，在珠宝首饰设计实践时，无论是观察事物现象，还是判断作品内容，都要比常人、比消费者眼界高远。

　　珠宝首饰设计师必须重视锻炼自己的观察能力，敏锐地感知新生事物及现象，前瞻性地发现事物变化，机智地分析现象特征等，这种观察能力的拥有和提高，对于珠宝首饰设计实践有着相当积极的作用和意义。

珠宝首饰设计的眼界是一种综合思维的集成

力，能将情理之中的现象表现在意料之外，这都源自艺术观察功力、表达功力的不凡与深厚。谁也不是天生就掌握这种功力的，都是在实践中培养和提高的，只要自觉地将艺术融于观察中，不断积淀或提高观察经验、水平，最终一定会在艺术的帮助下，趋于升华，至于完美。

置境界于观察中。对于境界的展露，在前文中已有论述，它们在不同时期，不同范围，会产生不同的境界。问题是很多时候，我们遗忘了对境界的认识与表达，以为这种思维的认识及运用，难度不小，作用未知。果真如此吗？我们认为：任何的认识与表达都可以成为某种境界的体现，只是高低不同而已，境界是对思维程度而言，无需害怕，当你在设计作品时，它会自然流露出来。在这里提醒大家，要有意识地关注境界的价值，而且要从观察的那刻起，就作为自觉的思维行为，同时，希望大家在设计实践过程中，追求较高的境界。但凡珠宝首饰设计大师，只要进入巅峰创作状态，其作品的境界一定是极其恢宏的。

任何的认识与表达都可以成为某种境界的体现，只是高低不同而已，境界是对思维程度而言，无需害怕，当你在设计作品时，它会自然流露出来。

设计名: 圈律 (胸针)
设计师: 陆莲莲
奖　项: 东南亚钻石首饰设计比赛
　　　　最佳优胜奖

珠宝首饰作品的主题是设计师应该发掘和表达的重要目标

方略八
设计表达的效能

主题是设计最关键的灵魂所在
——珠宝首饰设计步骤之五

　　珠宝首饰的主题是指作品表现或表达的内涵要旨，即给予内容设计一个明晰的基本范畴，以阐述作品最重要的含意。主题是通过题材、内容、形式等整合并提炼而成的，是作品最关键的表达，甚至是作品的灵魂表现。从艺术规律来讲，主题的缺失或不明确，会直接导致作品生命力与感染力的孱弱。因此，作为珠宝首饰设计师，在设计实践中必须十分重视对主题的认识，并且要掌握怎样形成、提炼、表达主题，使自己设计的每一件作品或每一项内容，都具有清晰而又完整的主题。

　　曾经听到不少设计师，尤其是新晋设计师说：在普通的、大众的珠宝首饰中，要表达主题有点困难，甚至以为是没有必要的。例如，一枚素面的戒指（略加些微小宝石），它怎么表达主题？我们认为，这种现象表明他们对于主题的表达，本身缺乏认识，也由此造成对主题表达的自觉性不够。就是一枚素面的戒指，依然可以阐述它的主题，因为最初的戒指也许就是素面的，它的主题就是形式本身，这种形式表达了某些信仰、族群、符号等特殊内容。试想，在一群人中，为了区别彼此，让一些人戴上戒指，他们之间不就非常容易区分了吗？要是再运用不同材料或不同色彩的戒指作为特征，岂不更容易分别了吗？因此，这种素面的戒指在不同时期、不同环境下，曾产生过不同的主题作用。在欧洲的中世纪，宗教领袖可以戴着它，以表达地位特殊；在文艺复兴时期，新人结婚时戴着它，以表达对爱情信赖。如若稍微加些文字或符号，就更具特别含意，像小说《指环王》中的魔戒，不就是在素面的戒指上加了些文字，变成了特别（象征法力显现）的用具。

　　珠宝首饰的主题是指作品表现或表达的内涵要旨，即给予内容设计一个明晰的基本范畴，以阐述作品最重要的含意。主题是通过题材、内容、形式等整合并提炼而成的，是作品最关键的表达，甚至是作品的灵魂表现。

　　作为珠宝首饰设计师，在设计实践中必须十分重视对主题的认识，并且要掌握怎样形成、提炼、表达主题，使自己设计的每一件作品或每一项内容，都具有清晰而又完整的主题。

设计名: 花丽俏色 (丝巾扣)
设计师: 陆莲莲
奖　项: 韩国国际首饰设计比赛优
　　　　秀设计奖

有了主题才能让珠宝首饰作品具有明确的形式内容与诉求指向

综上所述，主题可以始终存在于作品中，只看大家能否自觉地意识到。如果说作品出现主题缺失现象，那多半连形式也不可能完整的表达，如将杂乱的信息、素材毫无整合地堆放在一起，以及没有规律的线条、错误的符号、不被认可的想象等。对此，我们就珠宝首饰设计的主题做些论述，将其纳入设计实践的范畴，帮助大家提高设计质量和水平。

第一，认识作品主题的作用。刚才对主题的必要性做了概括介绍，除了这种必要性之外，对作品本身还具有相当重要的意义。有了主题可以帮助人们更明确、更迅速地认识作品的内涵，从而引导他们理解、懂得作品的物质价值和精神价值，对作品的传播、推广起积极作用。同时，明确作品的主题可以帮助设计师高屋建瓴地抓到内容的关键，有效地围绕关键内容展开叙述，不跑题、不偏题，自觉地在主题的指引下构筑完整的题材、内容、形式，创作出生命力和感染力强盛的作品。

第二，懂得凝炼作品的主题。既然作品主题有着相当重要的作用，那么怎样形成作品的主题，无疑有着积极的探索价值。不少新晋设计师问道：是先有作品主题后才能确定内容、形式、题材，还是先有作品的内容、形式、题材后才能确定主题？这些提问的核心就是关于主题是怎样形成的。从大多数的设计实践来看，主题与内容、形式、题材是互为关联的，主题指引内容、形式、题材的选择与确认；同时，内容、形式、题材又对主题有着极大的影响，甚至可以从中凝炼出主题来。因此，作品主题的形成可以有上述两种状态。一些国内外珠宝首饰设计竞赛往往会采取"主题"式命题，让参赛设计师根据命题进行设计；也有一些珠宝首饰设计竞赛采取材料（如钻石、珍珠、铂金、黄金）作为内容，让参赛设计师自行确立主题并进行设计。事实上，在企业里进行珠宝首饰设计同样有这些状况。重要的是，主题凝炼和确立需要下大工夫，特别要懂得自觉地依据内容、形式、题材进行严密整合，形成恰当、正确的主题，而不是随心所欲地草拟之。要记住："行成于思，毁于随。"

第三，掌握作品主题的范畴。无论是珠宝首饰的消费者，还是珠宝首饰的设计师，许多时候对于作品的主题存在难以名状的情况。例如，一枚戒指，抑或一款挂坠，似乎较难给予明确的主题范畴，至多认为美（好看或漂亮）的程度高低有差异。这种情况表明：消费者是因其非专

有了主题可以帮助人们更明确、更迅速地认识作品的内涵，从而引导他们理解、懂得作品的物质价值和精神价值，对作品的传播、推广起积极作用。

从大多数的设计实践来看，主题与内容、形式、题材是互为关联的，主题指引内容、形式、题材的选择与确认；同时，内容、形式、题材又对主题有着极大的影响，甚至可以从中凝炼出主题来。

主题凝炼和确立需要下大工夫，特别要懂得自觉地依据内容、形式、题材进行严密整合，形成恰当、正确的主题，而不是随心所欲地草拟之。

珠宝首饰作品的主题应该具有感染力

业的缘故而不知作品的主题所在，而设计师是因不自觉地遗忘了作品主题的阐述。我们认为，每一件珠宝首饰都应该具有主题，否则很难阐述其作品内涵，也很难引起消费者的兴趣，况且在设计实践中离开主题会无的放矢，甚至毫无目的地设计，这种行为的结果是作品的价值被削弱。

当然，与其他一些艺术作品相比，珠宝首饰的主题并不恢宏、广博，这是它的形式所致，但在人性的情感层面，绝不缺少感染力，从爱情的表达、亲情的传递，到生命的尊崇、生活的赞扬，都可以充分的、真实的体现。因此，有父母给刚出生的宝宝戴上祝福首饰，有丈夫给爱妻戴上心意首饰，有朋友送知己纪念首饰，其包含的深情、亲情、友情可谓至深、至远。因此，在设计实践时，对于作品主题的范畴表达既可以是细微、易解、轻松的，也可以是优雅、深远、庄重的。只有掌握不同消费对象、不同消费目的对作品的要求，准确选择作品主题范畴，才能使珠宝首饰成为拥有者心仪的作品，这是一个设计师最需要建立的认识。

第四，提升作品主题的深刻性。在珠宝首饰设计实践中，同样的主题，不同的设计师有不同的理解，因而就有不同的作品出现，有的作品表现得比较浅显、简陋；有的作品表现得比较深刻、隽永。这种状况反映了设计师对作品主题认识的深刻程度，也体现了对作品主题表现的功力强弱，但凡深刻、隽永的作品，在形式、内容、题材上都较优美、新颖、独特，因而作品的生命力和感染力就更胜一筹，影响力也就更为广泛。为此，我们倡导设计师要不断提升作品主题的深刻性，从而创作出具有高品质、好品位的珠宝首饰作品来。有的新晋设计师会问：怎样提升作品主题的深刻性呢？我们以中外珠宝首饰的作品为案例来比较，帮助大家认识这个问题。

爱情的主题是大家都比较熟悉的，可能也是珠宝首饰设计师设计比较多的产品，如许多设计师会用"心"形、玫瑰、LOVE 等图形及文字来表示爱情。对此，不能说这种作品的主题不明确、不清晰，它毕竟还是非常直接地表达了人们对爱情的阐述。问题是一直并广泛地采用这样的方式来表现作品主题，不说缺乏新意，就从主题的深刻程度而言，是需要进行提升的。卡地亚珠宝首饰对这个主题的认识上，就比其他珠宝首饰来得深刻，它的 Aldo Cipullo 设计师于 1969 年设计了一款"螺

珠宝首饰的主题并不恢宏、广博，这是它的形式所致，但在人性的情感层面，绝不缺少感染力，从爱情的表达、亲情的传递，到生命的尊崇、生活的赞扬，都可以充分的、真实的体现。

在珠宝首饰设计实践中，同样的主题，不同的设计师有不同的理解，因而就有不同的作品出现，有的作品表现得比较浅显、简陋；有的作品表现得比较深刻、隽永。

但凡深刻、隽永的作品，在形式、内容、题材上都较优美、新颖、独特，因而作品的生命力和感染力就更胜一筹，影响力也就更为广泛。

珠宝首饰作品的主题应该具有深刻性

丝钉"式手镯，也是以爱情为主题，该作品需要两个人一起用特制的螺丝刀才能打开，它极其传神地诠释了情侣间对爱情的追求。由于对爱情主题独到的深刻认识，这款作品几十年来成为该品牌经典的爱情系列首饰。

又如，意大利设计师将爱情首饰设计成夫妻两部分，爱妻是一把爱情锁挂坠，丈夫是一枚爱情钥匙挂坠，用爱情钥匙打开爱情锁，并可取出锁里的爱情密语，把爱情的唯一性表现得淋漓尽致，感人肺腑。这种对于作品主题深刻性的表达真是无与伦比。

对珠宝首饰作品的主题表现，许多设计师以为是一个简单的形式问题，而不是一个重要的认识问题。由此，造成了大家都比较轻视，能点到就可以了，因而不少作品出现类同，没有特色。而纵观那些经典的珠宝首饰却发现，但凡传神、出色的作品都可以明显地看到其清晰、深刻、独特的主题，因为有了它们，作品就有了灵魂，有了灵魂的作品就有了生命力和感染力。

对珠宝首饰作品的主题表现，也有的设计师认为是设计中的技术性问题，如果经验足够丰富，是完全可以克服的。我们不认为是这样，技术诚然可以帮助解决部分问题，但不能根本解决作品主题的真正表达。没有自觉地重视主题，就不能发现问题的所在，也无从真正解决它。为此，希望大家要注重对作品主题的认识。

> 但凡传神、出色的作品都可以明显地看到其清晰、深刻、独特的主题，因为有了它们，作品就有了灵魂，有了灵魂的作品就有了生命力和感染力。

> 技术诚然可以帮助解决部分问题，但不能根本解决作品主题的真正表达。没有自觉地重视主题，就不能发现问题的所在，也无从真正解决它。

珠宝首饰设计图稿必须完整地表示设计的形象和内涵

表示是设计最有效的说明手段

——珠宝首饰设计步骤之六

现在讨论的表示是指：珠宝首饰设计的具体表现和相关展示，即作品设计最后的呈现方式与方法，也就是设计图稿及文字等的表达形式。所有作品和内容的创作或创意，最终都需要一定的手段给予充分的表示，以有效、明确告知使用对象（如代客设计）或作品的制作者，让他们清晰地了解和明白设计师所设计的作品形式、结构、材料等，从而评估作品与使用对象的匹配度，或者掌握作品的制作要求，为即将问世的作品提供双方认识、表达的沟通桥梁。

从珠宝首饰设计实践过程来说，作品的设计表示是极其重要的步骤，也是最终的设计结果。经过一系列的深刻思考，形成方案，通过创作，把一件作品或一项内容运用一定的方式与方法表示出来，以此完成整个珠宝首饰设计目标，这是每一个设计师必须经历的。作为珠宝首饰设计的表示手段，其方法的规范、正确、清晰、有效与否，是考量一个设计师认知能力及阐述能力的重要标准之一。

珠宝首饰设计的表示方法总体可以分为两部分，一部分是图稿，另一部分是文字及数据，除非有特别的需要（如实样），可以另做处理。从现行的珠宝首饰设计实践过程来说，图稿的表达是主要的，文字及数据表达是辅助的，因为绝大部分珠宝首饰是以一定的造型、色彩、结构来呈现作品的主要内容，因此，图形表达极为重要，形象的图形画稿既直观（如色彩）又有效（可以 1 : 1 呈现效果），极大方便设计师与使用对象、制作者的认识和沟通。

效果图：是表示作品最常用的方法之一，它将珠宝首饰作品最直接、最有效、最形象地绘于纸上。设计师将作品色彩、形态、结构、材

从珠宝首饰设计实践过程来说，作品的设计表示是极其重要的步骤，也是最终的设计结果。

作为珠宝首饰设计的表示手段，其方法的规范、正确、清晰、有效与否，是考量一个设计师认知能力及阐述能力的重要标准之一。

珠宝首饰设计的表示方法总体可以分为两部分，一部分是图稿，另一部分是文字及数据，除非有特别的需要（如实样），可以另做处理。从现行的珠宝首饰设计实践过程来说，图稿的表达是主要的，文字及数据表达是辅助的。

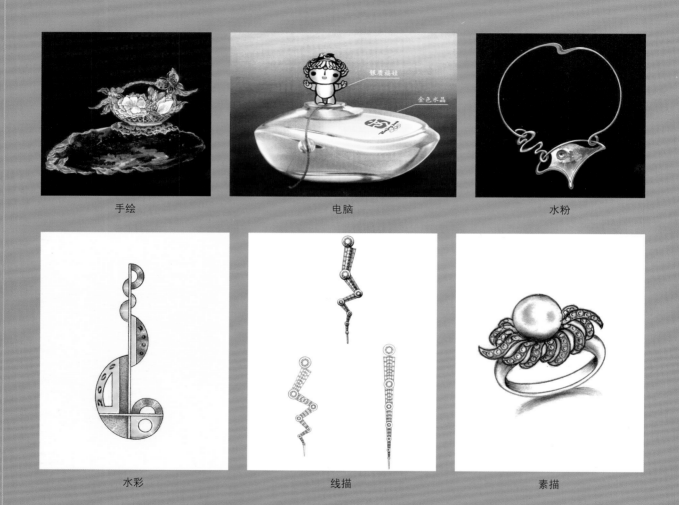

手绘　　　　　　　　　　电脑　　　　　　　　　　水粉

水彩　　　　　　　　　　线描　　　　　　　　　　素描

珠宝首饰设计图稿的效果表示可以采用诸多方法

料的设计表达在图稿上，为使用对象或制作者了解、评估作品提供清晰的内容判断。就效果图的形式而言，有手绘和电脑绘图两种方式。其中手绘效果图有彩色图与黑白图之分。彩色图中又分水彩效果图和水粉效果图；黑白图中又分素描效果图、线描效果图，以及在黑白图的基础上加些许色彩的效果图。

　　水彩或水粉效果图的绘制方法：采用水彩笔、纸，或者水粉笔、纸及其技法完成。素描或线描效果图的绘制方法：采用铅笔、特制针笔与纸，并用素描与线描技法完成。前者色彩效果明显，材料区别清楚，艺术感较强；后者细节明显，尺寸精准，制作掌控性好（对于制作者而言）。

　　随着电脑软件的进步，近些年，不少珠宝首饰设计师都采用电脑绘制作品设计的效果图。我们认为，如果具有较好的驾驭能力，这类效果图还是不错的，它比手工绘制的效果图更具真实感和形象感，特别是它的色彩、比例、质感更接近真实的作品。只是，在一些结构连接上，或者时间上要比手绘效果图费时间、费工夫，况且，表现效果会受操作技术的影响，有时为了解决这种技术性反而失去了对作品本身设计的表现。

　　三视图：是表示作品时常用的方法之一，主要特点是在制造作业时认识设计结构，帮助制作者了解、认清、掌握作品的施工要点，正确领会设计师的设计要求。三视图由正视图、侧视图、俯视图组成，通过不同的视图可以认识作品的结构，作业时有明确的参照依据。需要说明的是，所有的珠宝首饰作品都存在两度创作，一度创作是设计师，两度创作是制作者。任何三视图都是给予制作者一种参照，制作者有理由，也有权力对设计师的图稿或调整或修缮，使作品更完美。当然，在调整或修缮时必须具有一定的合理性，以及相当的技术支撑，如若没有这种保证，那就不可擅自改变设计图稿。

　　剖视图：是表示作品某些结构内部解析的方法之一，它的作用是对一些特别部件与结构进行说明和表示，使制作者在三视图不能覆盖的情况下，能有效了解其内部的构建。例如，材料的不同厚薄布置，连接件的特殊设置等，当作业时能清楚地了解它们的设计要求，在施工时就能准确地达到设计的效果。

就效果图的形式而言，有手绘和电脑绘图两种方式。其中手绘效果图有彩色图与黑白图之分。彩色图中又分水彩效果图和水粉效果图；黑白图中又分素描效果图、线描效果图，以及在黑白图的基础上加些许色彩的效果图。

三视图是表示作品时常用的方法之一，主要特点是在制造作业时认识设计结构，帮助制作者了解、认清、掌握作品的施工要点，正确领会设计师的设计要求。

剖视图是表示作品某些结构内部解析的方法之一，它的作用是对一些特别部件与结构进行说明和表示，使制作者在三视图不能覆盖的情况下，能有效了解其内部的构建。

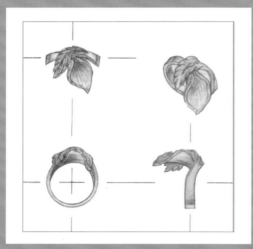

三视图

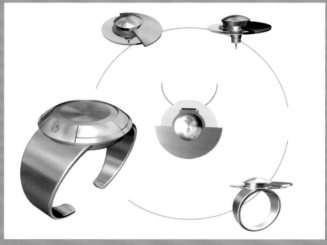

剖视图

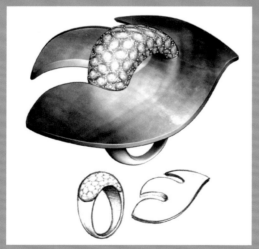

局部图

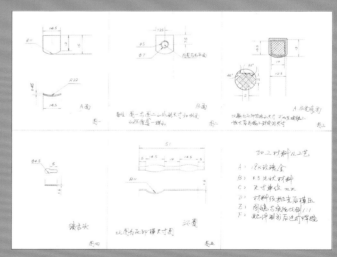

施工图

珠宝首饰设计图稿的形象和内涵表示需要准确、清晰

局部图：是表示作品某些特殊空间结构或构成的方法之一，它的作用是在三视图不能清晰、有效表达那些空间的结构或构成时，特别加以说明和表达。例如，某个向内凹陷结构的表面纹样效果，某些组合部件的相互连接等，通过局部图来表示这些结构或构成的设计要求，在作业时正确理解它们的实际状况，在施工时达到预期效果。

施工图：是表示作品操作要求的方法之一，它的主要作用是为一些大型珠宝首饰作品提供排列、安装及作业的说明和表达，使制作者能准确、有效地按照作品设计要求进行施工。由于大型珠宝首饰作品多为数个或十数个部件组成，每个部件的空间排列、安装在其他图稿中很难准确表现，而且，这些作品在组装时经常需要根据效果进行调整，往往不能一次到位。运用施工图可以确认不同空间的位置，即使调整，也颇为方便，不必对每个部件做重复描述，只需对空间位置进行描述，能有效地提高制作工效和质量。

文字及数据说明：是作品图形之外的阐述和描述表示，它对设计作品的图形状态、状况做出相关解释，表明作品的创作理念及详细技术要求，帮助使用者或制作者认识、领会作品的内涵、用法、操作等内容，供他们正确认识、评价、作业之用。一般文字及数据说明由两部分组成，一部分是讲述作品的设计理念、含意；另一部分是讲述作品的技术要求、操作方式。通过它们，将设计师的作品及创作意图完整地呈现出来。从珠宝首饰设计实践的过程来看，文字和数据说明不及图稿形象、直观，但对于完整的作品表示而言，特别在精确度、清晰度方面，无疑有着重要的补充和完善作用。

珠宝首饰设计的表示应达到：规范、正确、清晰、有效。我们时常看到一些设计师，特别是新晋设计师，在图稿或文字及数据的表示上不能做到上述要求，导致使用者或制作者无法认识或了解作品的内容，造成彼此沟通、理解困难，最后形成的作品与设计师的要求出现不同结果，甚至大相径庭，这是非常遗憾的。为此，希望大家在设计实践过程中，力求将上述要求贯彻到位。

对于规范的要求，主要表现在作品形态、结构、用材、尺寸等方面，在表示时必须精准、明确。例如，在图形表现时，每个面、线、点要交

局部图是表示作品某些特殊空间结构或构成的方法之一，它的作用是在三视图不能清晰、有效表达那些空间的结构或构成时，特别加以说明和表达。

施工图是表示作品操作要求的方法之一，它的主要作用是为一些大型珠宝首饰作品提供排列、安装及作业的说明和表达，使制作者能准确、有效地按照作品设计要求进行施工。

文字及数据说明是作品图形之外的阐述和描述表示，它对设计作品的图形状态、状况做出相关解释，表明作品的创作理念及详细技术要求，帮助使用者或制作者认识、领会作品的内涵、用法、操作等内容，供他们正确认识、评价、作业之用。

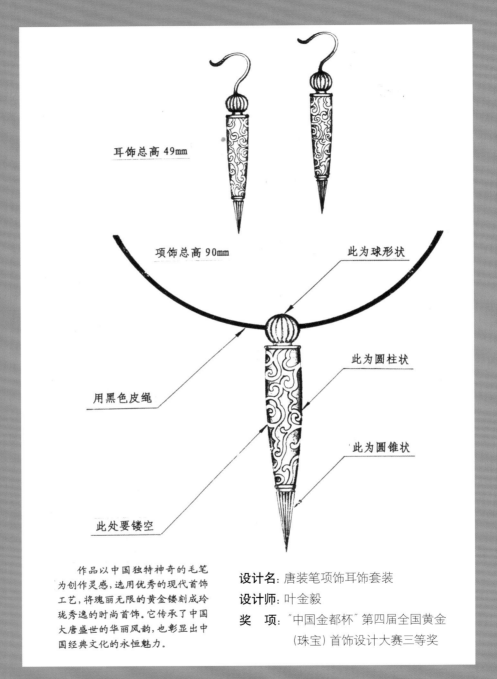

耳饰总高 49mm

项饰总高 90mm

此为球形状

用黑色皮绳

此为圆柱状

此为圆锥状

此处要镂空

作品以中国独特神奇的毛笔为创作灵感,选用优秀的现代首饰工艺,将瑰丽无限的黄金镂刻成玲珑秀逸的时尚首饰。它传承了中国大唐盛世的华丽风韵,也彰显出中国经典文化的永恒魅力。

设计名:唐装笔项饰耳饰套装

设计师:叶金毅

奖　项:"中国金都杯"第四届全国黄金
　　　　(珠宝)首饰设计大赛三等奖

珠宝首饰设计图稿的质量表示需要规范、有效代完整，不能无理由地省略或模糊；在表现作品结构时，尽量具体，必要时可以运用局部图重点描述，不能采用不明确的图形或文字处理。对于文字及数据的运用，必须精准。例如，尺寸单位须注明，贵金属和珠宝材料名称须规范。

对于正确的要求，主要表现在作品比例、图稿应用、效果表达、数据处理等方面，在表示这些内容时必须确凿、合理、清楚。例如，在表现戒指时，其比例不能与手镯相混淆，对于不同作品的比例要恰当表示；在表示作品效果时，光与影、明与暗要清楚地标示，而数据的表示更不能有偏差。

对于清晰的要求，主要表现在作品图像、细部位置、透视运用、排列设计等方面，在表示这些内容时必须完整、可视、准确。例如，在作品透视表达时，其结构不能变形，将弧面展现成平面，圆丝表示成方丝。

对于有效的要求，主要表现在作品结构、状态、纹理等方面，在表示这些内容时必须详尽、可控、明晰。例如，在表示作品结构时，要让制作者看得懂，可操作；在描述作品状态时，图稿不能详尽的情况下，可以采用文字及数据表示；在表示作品纹理时，可用特别的方法注明，或者类似的效果（包括实样）给予参照。

对于正确的要求，主要表现在作品比例、图稿应用、效果表达、数据处理等方面，在表示这些内容时必须确凿、合理、清楚。

对于清晰的要求，主要表现在作品图像、细部位置、透视运用、排列设计等方面，在表示这些内容时必须完整、可视、准确。

对于有效的要求，主要表现在作品结构、状态、纹理等方面，在表示这些内容时必须详尽、可控、明晰。

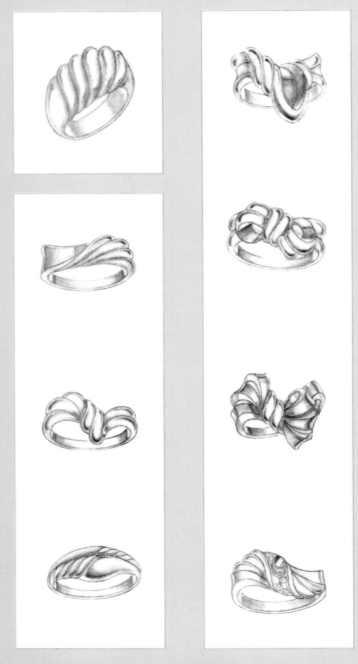

图稿的作用是表达设计的思维和认识

方略九
把握创作的重心

独特设计比漂亮画稿更有价值
——珠宝首饰设计感悟之一

在珠宝首饰设计实践中，设计与画稿是思维与表示的互为关系，没有思维无法实现设计，没有画稿则无法表现思维成果。对于这种关系，不少设计师以为它们的作用是同等的，甚至认为漂亮的画稿更能体现其水准。如果说，这是一种习惯判断，笔者没有理由完全否定它的相对合理性，毕竟画稿也是设计师的功力表现之一。一张让人赏心悦目的设计图稿，总能受到一定的好评；再者，处在特定的环境下，如为定制者设计或参加设计竞赛，漂亮的画稿可以取得良好的印象分，从这个意义上说，作品画稿的确应该美观、漂亮。但是，这毕竟属于习惯判断使然，从珠宝首饰设计师的真正水准考量，无论是认识高度，还是领会深度都是值得商榷的。

作为一种特殊的思维行为，珠宝首饰设计的核心与关键，是对作品生命力与感染力的深度追求，而这种追求首先反映在思维上，即懂得抓住作品设计的本质。而本质的认识取决于对事物及现象的观瞻深度，如果没有良好的思维能力支持，是无法捕捉和发现人们最渴望、最期盼的需求的。目前市场上有些珠宝首饰款型不尽如人意，究其背后的原因，正是设计者在这方面的认识存在问题，它和画稿的漂亮与否是没有什么关系的。

作为一种对作品生命力与感染力的深度追求，珠宝首饰设计师无疑要将重点放在认识高度上。因为，任何珠宝首饰作品都是设计师认识的产物，认识度低，则作品感染力弱，其生命力也相对不旺盛；认识度高，则作品感染力强，其生命力也相对旺盛。

从设计与画稿的关系而言，设计在前，画稿在后；另一方面，设计

作为一种特殊的思维行为，珠宝首饰设计的核心与关键，是对作品生命力与感染力的深度追求，而这种追求首先反映在思维上，即懂得抓住作品设计的本质。

作为一种对作品生命力与感染力的深度追求，珠宝首饰设计师无疑要将重点放在认识高度上。因为，任何珠宝首饰作品都是设计师认识的产物，认识度低，则作品感染力弱，其生命力也相对不旺盛；认识度高，则作品感染力强，其生命力也相对旺盛。

设计图稿的价值是对作品感染力和生命力的高度追求

决定画稿内容，画稿体现设计思想。这种关系充分表明了设计对作品的重要作用，没有设计思想和内容，画稿是无从表达的。设计是作品的灵魂，没有它，作品便没有生命力和感染力。一个珠宝首饰设计师若不能塑造作品的灵魂，仅靠画稿漂亮来营造作品的表面形态，是无法真正打动消费者的，这已经被许多事实所证明。有人认为：设计思想是非常抽象并难以让人一目了然的，没有图稿怎么显现？诚然，设计思想是需要图稿加以表达的，但图稿充其量只是载体而已，作品的内容始终需要思想支撑，离开它便是无源之水，无本之木。

对于设计图稿的漂亮与否，有的设计师将其与画家的表达作用相比，认为图稿的表达水平犹如画家的绘画技术一般，画得漂亮就代表创作水准出色。殊不知，画家的创作水准，确实是在一定程度上通过其画面得到表现，因为表现技法也是创作的一部分，但在评价一幅绘画作品时，仅有技法是无法得到最终好评的。如创作内容没有得到肯定，即使技法使画面漂亮，依然不会是出色的作品，这种情况在中外绘画史上不胜枚举。

诚然，画家的技法表现比之珠宝首饰设计师，其作用可能要大得多，这是由于两者的艺术规律不同。画家的表现技法可以塑造作品的特殊内容，如光色变化、色彩观感、形体造型等，都需要表现技法加以阐述。因此，独特的、出色的绘画技法会成为某种创作的结晶。不过，要知道这种创作，本身就是对事物深刻认识并锤炼后得到的，犹如珠宝首饰设计师通过充分认识事物并设计后，才能得到完美的体现。而设计师的表现方式，只是整个作品创作的一部分，还有一部分需要加工成形后才能体现。况且，在许多时候，设计师的表现会在制作过程中被调整和修缮，图稿在一定程度上是一种参考，而非完全的作品体现，因此，无法与绘画表现相提并论。

通过上述的探讨，相信大家对珠宝首饰设计与画稿的相互关系有了一些认识。大量的设计实践也告诉我们，设计与图稿既有关联，也有差异，特别作为平面的图稿与立体的产品之间，差异会相当大，许多时候在平面图稿上无法完全体现立体的观感，即使运用不同的图稿表现方式，如三视图、效果图，依然在理解和表现上会产生差异，这是不可避

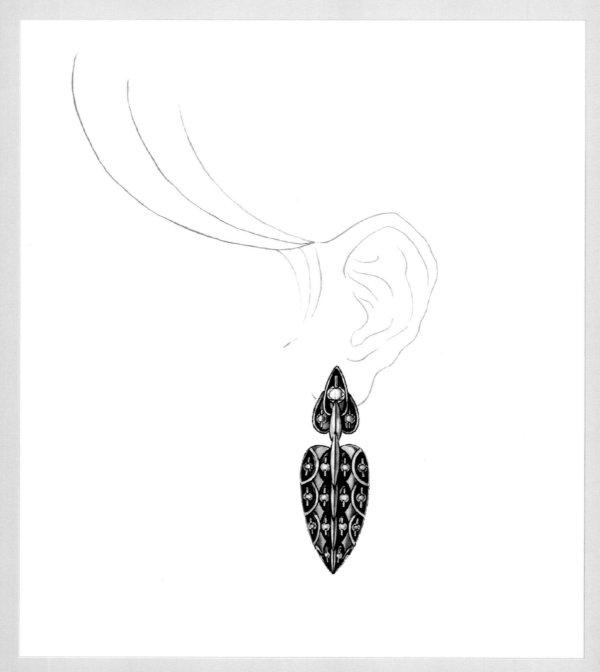

独特的设计比漂亮的画稿更有价值，也更突显作品的本质意义

免的情况。从这个意义上说，珠宝首饰的图稿始终不能完全地展现设计师的全部内容与要求。因此提醒大家：在珠宝首饰设计实践中，应该把注意力放在创意设计上，尤其要将独特的设计置于首要地位，它的价值比图稿显著得多；同时，也不要否定图稿的作用。

就珠宝首饰设计的独特性而言，应该作为设计师在设计实践中竭力追求的重要目标之一。因为独特的价值是无与伦比的，每一件独特的作品都是设计师智慧闪耀的结晶，也是其探索并呈现与他人不同认识的标志，更是其自身才华的显现。在中外珠宝首饰历史上，但凡独特的设计，都会成为人们判断和评价设计师成就的依据。越是经典的作品生命力越强，越是深刻的作品越是独特，独特就是设计的代名词。

就独特设计的必要性而言，应该作为设计师在设计实践中极力推崇的重要理念之一。所有的珠宝首饰设计都是为了表达设计师的理念，受设计师自身认识和价值判断的影响，这种理念对其作品诉求十分必要。有的需要表达美好而崇高，有的需要表达深邃而久远，有的需要表达澎湃而激越，这些不同的理念诉求，使设计师的作品多姿多彩，并造就了设计师的迥异风格。而且，理念越强烈，越需要独特；理念越深刻，越突显独特；理念越清晰，越依赖独特，独特就是理念的体现。

就珠宝首饰设计的进步性而言，更应该是设计师在设计实践中的重要行为之一。每个设计师的成长都是渐进的过程，不可能一蹴而就地变为风格独特的成功设计师，但作为一个有追求、有理想的设计师，总是希望有朝一日成为具有鲜明个性的特立独行者。而这种成功的标志，就是能设计出独特的作品。越是不断进步，越需要独特的鼓励；越是不断求索，越会彰显独特；越是接近成功，越具有独特的魅力，独特就是进步的写照。

我们始终认为，当大家在寻求对作品独特性表达的同时，也应该提升对图稿表达的完美程度。因为，每一件或每一项独特的作品和内容表现，都需要相应的图稿给予支撑，而这种支撑的最佳体现，必然是以图稿的准确与完美为标志，如若没有它们的相行相伴，则不能真正体现其作品的独特效果和影响，这是毋庸置疑的。

大多数设计实践证明，独特的珠宝首饰作品在图稿的表达上不能缺

设计师的创作实践应该将独特的设计思维置于重要地位

乏表现的准确性，至于漂亮的程度因设计师的认知而有所不一。有的喜欢真实而清楚，不以色彩华丽为要求；有的喜欢准确而明晰，不以特异效果为追求。不管怎样表达，只要真正将作品独特内容表达出来，都不会影响最后的作品呈现。我们曾经看过一位设计师的一张具有独特内容的设计图稿，一眼观之，表现手法并不那么漂亮，但的确有着相当不凡的设计理念和风格。最后，经制作成产品，它在众多作品中脱颖而出，获得设计竞赛的大奖。这个例子告诉我们，对于真正独特的作品，图稿的准确表达让人认识和理解作品的真实内容，没有这点保证，仅仅追求漂亮是毫无意义的。同时，在图稿准确表达内容的基础上，完美些、漂亮些是无可非议的。

在珠宝首饰设计师的设计生涯里，设计与图稿始终是表达思维与结果的互联行为，这种行为不断地改进我们的目标、理念、追求，可能这种行为因不同时间、不同环境会造成不同的认识，但始终不能忘其终极目标：创作有独特价值的珠宝首饰作品。

大多数设计实践证明，独特的珠宝首饰作品在图稿的表达上不能缺乏表现的准确性，至于漂亮的程度因设计师的认知而有所不一。有的喜欢真实而清楚，不以色彩华丽为要求；有的喜欢准确而明晰，不以特异效果为追求。不管怎样表达，只要真正将作品独特内容表达出来，都不会影响最后的作品呈现。

创新的概念是更新、创造、发展

大胆尝试是创新最佳的诠释
—— 珠宝首饰设计感悟之二

　　创新是现今最为热议的话题，但珠宝首饰设计的创新，已有几百年的历史。这几百年间，创新是产业进步的重要内容，甚至近代珠宝首饰的发展也因此而加快。可以这么说，创新是推动珠宝首饰历史发展的重要动力之一，没有创新就没有珠宝首饰的生命力。因此，今天讨论创新是延续珠宝首饰历史的需要，也是关乎中国珠宝首饰业进步的需要，完全不是应景之需，而是必然的选择。

　　首先，对将要讨论的创新，做一个适当的解释。创新的概念早在我国古代就有，《魏书》中有"革弊创新"，《周书》中有"创新改旧"。在西方，最早提出创新的是艺术界，它的概念有三个方面，一是更新与替代，二是创造新的事物，三是改变和发展。珠宝首饰的创新始终对历史传承与未来发展，提出并实施有效的进步目标，以此连接昨天和明天的完整发展历史。纵观中外珠宝首饰的历史面貌，无论是概念，还是技术，抑或产品，都与创新密切相关。从人们对首饰的认识而论，以远古头上的饰物概念，延伸至今天的人体装饰及生活用品概念；从珠宝首饰的技术而言，以原态贵金属和原石匹配，进化至如今按不同规格配比的贵金属材料与精确切磨的珠宝镶嵌，处处可见创新的历史痕迹。

　　对于创新的概念诠释，即对"新"的追求、表达、实现，是一个非常重要而关键的内容与目标。为了更新，为了创造新事物，更为了改变旧面貌，人类穷尽一切智慧和力量，不断努力地构建起一个个创意与发明，使人类不断呈现新气象、进入新时代。我们的珠宝首饰设计师，同样有责任为人类生活的不断进步与发展做出自己的贡献，这是职业使命所在，也是价值所在。笔者曾提出过：坚守职业理念，推崇职业境界，

创新是推动珠宝首饰历史发展的重要动力之一，没有创新就没有珠宝首饰的生命力。

在西方，最早提出创新的是艺术界，它的概念有三个方面，一是更新与替代，二是创造新的事物，三是改变和发展。

对于创新的概念诠释，即对"新"的追求、表达、实现，是一个非常重要而关键的内容与目标。为了更新，为了创造新事物，更为了改变旧面貌，人类穷尽一切智慧和力量，不断努力地构建起一个个创意与发明，使人类不断呈现新气象、进入新时代。

原始创作的珠宝首饰作品

初始珠宝首饰作品　　　　再创珠宝首饰作品　　　　再创珠宝首饰作品

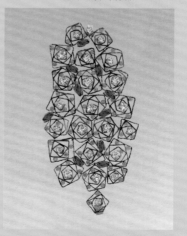

其他艺术作品　　　　　　　　转成珠宝首饰作品

创新有原始、再生、转创三种方法

如果放在创新的语境里，那便是用自身的实践去践行对创新的追求。

从珠宝首饰设计的实践过程来看，创新是一个永恒的历程，设计师每天用新思维开启创意之门，以积跬步成千里的方式，向着新的方向与目标进发，为人们创造一个个、一项项新颖的作品和内容，满足人们日益高涨的新需求。当然，对于这种认识的程度，会因设计师不同成长时间、环境、能力而有所不一，但这并不妨碍我们创新的步伐与愿望，相信大部分设计师也是怀着创新的愿景在努力。那么，怎样才能有效地实现创新？有没有实现的操作方法？现在就这些问题做些探讨，让大家在实践时有所认识和感悟。

创新，即创造新生事物。就像前面所述，可以是全新的，也可以是改进的，或者是替代性的。根据这些概念，创新应该有多种方式，可以原始性地创作产品，即原创的创新；也可以再生性地创作产品，即再创的创新；还可以嫁接性地创作产品，即转创的创新等。方式的不同，可以根据创新者的需要进行选择，但创新的实施行为必须按照创作内容，有针对性地确认，因为它们的创新规律是有差异的。在珠宝首饰设计的大量实践中，大胆尝试是非常有效的，甚至是必须采取的创新措施。

所谓的新，是相对于认知而言，它都是过往没有出现过的，相对未知的，或者知之甚少。对于探索的要求是必须大胆，如果缺乏大胆的精神，便进入不了新的领域、新的境地，也得不到新的内容、新的作品。有的设计师对于大胆尝试总有心理压力，理由是当今的珠宝首饰作品林林总总，再要创新，空间很有限；对于一些已取得成绩的设计师而言，尝试创新意味着风险，未知的结果更加剧了风险系数，因而大胆尝试的决心就不那么坚定。凡此种种，都表明对大胆尝试存在认识不足。我们要知道，既然出现林林总总的珠宝首饰作品，本身说明创新是有结果的，这些作品中肯定有创新的印记，也因为有了创新才可能拥有如此众多的作品问世，离开创新会是这种情景吗？

创新必须大胆，这种大胆既是对创新要义的诠释，也是对创新内涵的领悟。因为没有对新事物的大胆期盼，就没有对新事物的感知需求，也就没有对新事物的强烈追求，最终也没有得到新事物的可能。所有创新者都须具有大胆尝试的勇气和魄力，这是创新成功的首要条件。任何

从珠宝首饰设计的实践过程来看，创新是一个永恒的历程，设计师每天用新思维开启创意之门，以积跬步成千里的方式，向着新的方向与目标进发，为人们创造一个个、一项项新颖的作品和内容，满足人们日益高涨的新需求。

创新应该有多种方式，可以原始性地创作产品，即原创的创新；也可以再生性地创作产品，即再创的创新；还可以嫁接性地创作产品，即转创的创新等。方式的不同，可以根据创新者的需要进行选择，但创新的实施行为必须按照创作内容，有针对性地确认，因为它们的创新规律是有差异的。

设计名: 灵芝
设计师: 陆莲莲
奖　项: 戴比尔斯中国钻石首饰
　　　　设计比赛二等奖

大胆尝试是创新非常有效而积极的手段

创新作品的成功都离不开无畏困难、勇往直前的步履，进而得到人们由衷的敬佩和赏识，也成为高度评价的理由。

作为创新的重要举措，大胆尝试是非常有效而积极的手段。设计师要在珠宝首饰设计实践中放下顾虑、勇于实施、迎接挑战。有的设计师提出：在珠宝首饰设计的过程中，是否每一件作品设计都必须是全新的？如果这样，岂非每天都要出现与以往不同的珠宝首饰？我们认为，珠宝首饰的创新，重在"新"上，但对于"新"的程度、内容则需要正确理解。"新"可以程度很高，即为全新的；同时，也可以程度较低，部分是"新"的，即革弊创新。总之，在珠宝首饰设计实践时，尽可能"新"的面貌多一些，范围大一些，创造条件去实现原创的、全新的作品。只要大胆尝试，相信离上述目标会越来越近。

创新固然存在风险，但不创新的风险也并非全无。当我们排除了创新，必然是选择守旧，而守旧的留存变为渐渐的落伍，最后消失在历史的风烟里，随着这种湮灭使它的风险成为现实。有人认为，守旧并非完全如此，一些经典的珠宝首饰可以生存几十年，还照样使人趋之若鹜。这是曲解了经典的含意，所有经典都是一定时期、一定状态下的创新之作，它是因创新的杰作而受到人们的推崇。事实上，随着时间的变迁，它会成为一个历史的标志，只是时间长短而已，没有什么经典是永恒的，在完成了它的使命后，终将走下历史舞台，由新的经典取而代之，这是历史规律决定的，在当今社会可以得到佐证，柯达公司不是落幕了吗？

创新从高度而言，可以升之为民族的灵魂，从深度而言，可以视之为企业的生命。具有创新的民族与企业，一定是走在世界前列的。就大家熟悉的世界著名珠宝首饰来看，无论是卡地亚、宝格丽，还是蒂芙尼、梵克雅宝，对珠宝首饰的大胆创新，始终处于先驱地位。因此，它们的生命力是如此强盛，一百多年依然生机盎然。中国的珠宝首饰业同样如此，具有大胆创新的企业与品牌，它的生命力比其他企业要强盛得多，那些百多年的民族珠宝首饰企业与品牌，都是伴随着大胆创新而成长与发展的。同时，大家要清醒地认识到，中国的珠宝首饰企业与品牌和外国的珠宝首饰企业与品牌相比，在创新能力与水平上存在着相当的距离，竞争力处于较弱的地位，在国际市场上的影响力有限。如若不改变

所有创新者都应具有大胆尝试的勇气和魄力，这是创新成功的首要条件。任何创新作品的成功都离不开无畏困难、勇往直前的步履，进而得到人们由衷的敬佩和赏识，也成为高度评价的理由。

作为创新的重要举措，大胆尝试是非常有效而积极的手段。设计师要在珠宝首饰设计实践中放下顾虑、勇于实施、迎接挑战。

创新固然存在风险，但不创新的风险也并非全无。当我们排除了创新，必然是选择守旧，而守旧的留存变为渐渐的落伍，最后消失在历史的风烟里，随着这种湮灭使它的风险成为现实。

设计名: 荷塘月色
设计师: 陆莲莲
奖　项: 第六届中国工艺美术大
师作品暨国际艺术精品
博览会金奖

创新是衡量设计师的勇气和智慧的表现

这种局面，其生存将会受到威胁。

对创新的大胆尝试，既是珠宝首饰设计师的勇气表现，也是设计本身所需，更是作品生命力所在。在大胆尝试的过程中，要掌握一些基本原则：首先，大胆假设，小心求得，对于新产品要敢于突破陈规戒律，大胆地设想新结构、新状态、新内容，在设计时，要考虑周全、完善、可行性；其次，大胆尝试时，必须准备充分，不能因为是尝试，就胡乱、草率行之，这个准备包含创新目标的合适、准确，创新结果的合理、正确；最后，大胆尝试时，要依据自身能力，将内容、目标设定在可控范围之内，切不能盲目求新，尤其不可在不完善的情况下，做以牺牲作品的质量标准、使用不佳等为条件的创新。

对创新的大胆尝试，既是珠宝首饰设计师的勇气表现，也是设计本身所需，更是作品生命力所在。

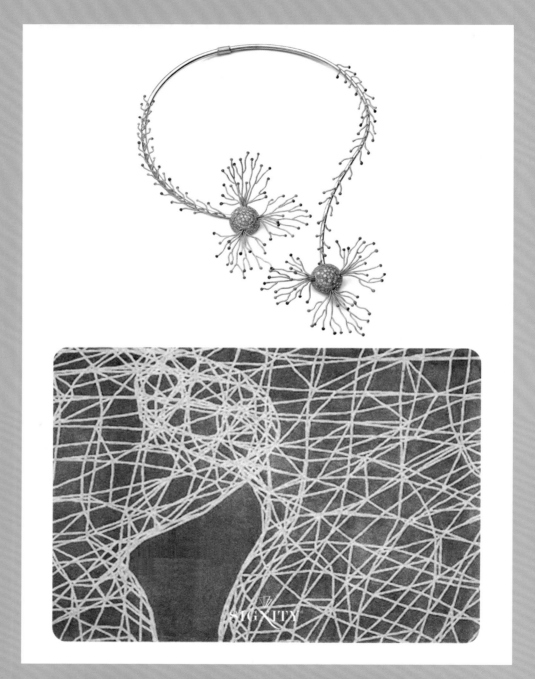

灵感是来自内心的特别感觉

方略十
成就创作的手法

机智敏感可触发创意的灵感
——珠宝首饰设计感悟之三

　　作为珠宝首饰设计师，都希望有丰富的灵感来触发作品的创作，可怎样才能找到并触发灵感的生成呢？每当我们提起笔和纸，准备设计的时候，常常会陷入一种苦思冥想状态，不是为寻不到新颖的创意苦恼，就是为不能表达完美的作品焦虑。由此，感喟到：创作灵感的缺乏，导致设计实践步履艰难。那么，灵感究竟是如何影响设计创意？灵感又是来自什么地方？灵感又有什么作用？这是本文所要讨论的话题。在前文中，曾简略谈到过有关灵感的问题，现在继续就这一话题展开探索和认识，将灵感同创意的有关联系及内容做相关阐述。

　　灵感属于认识思维的范畴，它是思维的一种表现。当我们还没有认清和掌握事物及现象时，它们显得非常神秘，甚至难以名状。有人认为，此时的思维是唯心的，是很难真正认识或被人们完全驾驭的，要掌握它并运用于实践是困难的。确实，在我国很长一段时间里，对于灵感的认识存在争议，有的学者将其视为唯心主义思想，与唯物主义思想相背离，因此，较长时期里，灵感的思维形式都受到人们的质疑。不过，随着人们认识水平的深入，也随着思维科学的进步，对于灵感这种思维形式，已经有了较大的认识变化。首先，不是简单地将灵感列入唯心主义思想范畴；其次，认可了灵感存在的可能性；最后，发现了灵感的积极作用。在此基础上，开始对灵感这种认识思维进行研究，特别在一些学科里，如艺术、设计、创意等领域，广泛地给予承认、探索、运用，并取得了积极的效果。

　　最近，出现了一部记录宣传片，名为《上海，灵感之城》，旗帜鲜明地将灵感视为创造的源泉，制片人认为，影片"所展现的对象都是生

灵感属于认识思维的范畴，它是思维的一种表现。

随着人们认识水平的深入，也随着思维科学的进步，对于灵感这种思维形式，已经有了较大的认识变化。首先，不是简单地将灵感列入唯心主义思想范畴；其次，认可了灵感存在的可能性；最后，发现了灵感的积极作用。

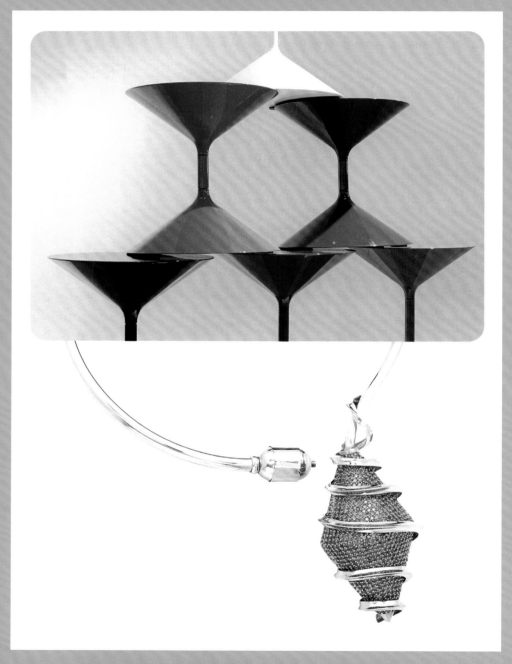

灵感是指创作力量处于升华状态

活、工作在上海的最普通的人们，他们在各自生活中遇到过或多或少，这样那样的阻碍，而上海为他们带来了灵感和精神上的启发，最终完成了期望的目标和梦想，体现了上海这座城市灵感无处不在。"从策划这部影片的主旨到表达的内容，都洋溢着灵感的气息和魅力，而且还告诉人们，灵感并不神秘，就在我们的生活中，就在那些平凡生活的人们身上出现。因此，我们有理由相信，灵感是真实存在的，其作用是非常积极的。

从艺术的规律分析，灵感是指创作力量处于升华状态，创作的效率特别高。著名的俄罗斯诗人普希金曾对灵感做过这样的描述："心灵颤动着，呼唤着，如在梦乡觅寻；思潮在脑海汹涌澎湃，韵律迎面驰骋而来，手去执笔，笔去就纸，瞬息间诗章迸涌自如。"这就是灵感的生动写照，如果珠宝首饰设计师进入这种状态，相信诗意般的作品会油然而生。虽然这是一种高度的思维活动，或者说是心灵的深刻感应，但它的表达是明晰可见、生动鲜活，甚至是非常物性化的，它可以演绎为一件件作品、一项项内容，成为人们赏心悦目的对象，并引发人们的各种感受。

灵感的产生是从心而起，又到物而显，再入心田而感，是唯心又唯物。它不是纯粹的唯心主义，也不是纯粹的唯物主义，而是人类高级思维活动和实践的结晶，它是运用者智慧、才华的象征，是认识事物、创造理想的有力工具。作为珠宝首饰设计师，懂得和运用灵感来创作设计实践，可以提高设计效率，也可以提升自身的设计水准，更能不断创新出具有强大生命力、强烈感染力的作品来。

在意识到灵感的积极作用后，会自然地提出：怎样产生灵感？柏拉图认为，灵感是特殊的、超人的天赋才能，是突然的"灵机一动"，是超自然的、神秘的起源闪现。对于这种观点，不少智士贤哲持不同态度，马克思认为，灵感是紧张的创作探索和不倦劳动的结果。从这些阐述中，可以看到灵感的起源会因人们不同的努力、不同的禀赋而有所差异，高者可以有超卓的能力达之，常者可以经不懈的努力得之。能力的不同，最终会表现在作品上，会有杰出与良好的差异，现实中，则有大师级与非大师级的差异。但这并不妨碍灵感的本质，它是人们通过经久不息探

灵感需要不断积累思维活动经验

索而得到的结晶，其过程需要人们勤奋不懈、长期努力地去追求，才能有所成就，不是简单的思维活动就可轻易获取的。因此，灵感的获取必须积极地提高思维活动能力，不断积累思维活动经验，不懈升华感知意识水平，若这些过程真正得到贯彻，灵感将会如期而至。

那么，在这个过程中，如何找到触发点？如何有效地掌握触发能力？首先，是满怀激情地去积极实践，作为珠宝首饰设计师，需要勤奋地、大量地投入到设计实践中去。柴可夫斯基有句箴言：灵感是一位不爱拜访懒人的来宾。它形象地表达了对灵感追求的态度。其次，需要兴趣与愿望高度一致。这种兴趣就是对所要达到的目标具有强烈的好感，即对珠宝首饰作品的成功设计非常向往，同时，愿望也随之提高，具有不达目的不罢休的信念。最后，需要技巧与能力的正确运用和掌握，优异的技巧来自出色的才能，培养和塑造自身的才能有着重要的意义，它可以帮助与促进灵感的触发。

通过上述的讨论，我们已经对灵感的积极作用、灵感的起源过程、灵感的触发有了一定的了解，为了让大家在珠宝首饰设计实践中，具有更实际、可操作性更强的价值，再对有关灵感的运用方法做些探讨，帮助大家理解和借鉴。

许多珠宝首饰设计师都遇到过，同样的主题、范畴、材料，不同设计师呈现出的作品会大相径庭，有的构思非常精巧，有的形态别具一格，有的意境独具风采。这是什么缘故？我们认为，是灵感的形成高度不一，或是灵感的触发质量不同，也是对事物及现象的认知深度与感悟高度不同所致。那怎样改进呢？我们给出的答案是：努力提高认识事物的机智敏感性。机智是指认识事物有聪睿、灵巧的应变能力；敏感是指认识事物有灵性、迅捷的感悟能力。

香奈尔珠宝首饰中，有一组 Ultra 系列作品，它别出心裁地在珠宝中采用陶瓷材料，同时选用了黑白两色。就是这种奇妙地运用陶瓷的色泽、质感，又经完美加工的作品，成了该品牌的经典之作，后被移用于高级手表中，成为香奈尔的著名标志之一，贵为品牌的代表作，享誉全球。分析这组珠宝首饰、高级手表作品，其闪耀点是设计师对陶瓷的精妙认识，它将陶瓷的特性发挥到淋漓尽致，摈弃了陶瓷传统的易碎、

灵感的获取必须积极地提高思维活动能力，不断积累思维活动经验，不懈升华感知意识水平，若这些过程真正得到贯彻，灵感将会如期而至。

优异的技巧来自出色的才能，培养和塑造自身的才能有着重要的意义，它可以帮助与促进灵感的触发。

同样的主题、范畴、材料，不同设计师呈现出的作品会大相径庭，有的构思非常精巧，有的形态别具一格，有的意境独具风采。这是什么缘故？我们认为，是灵感的形成高度不一，或是灵感的触发质量不同，也是对事物及现象的认知深度与感悟高度不同所致。

灵感的触发需要提高认识事物的机智敏感性

粗简的认识。这种创作灵感，是设计师在触发其创作思维时，寻找到了非常传奇的迸发点，是其机智地发现了陶瓷的深层特性，也敏感地领悟到陶瓷的别样意蕴，进而成功地将陶瓷表现得如此优雅迷人，使全球的消费者趋之若鹜。

　　事实上，不同的设计师都可以运用自己的思维活动，通过机智敏感的认识行为，可使灵感得到触发，在设计实践过程中，自觉地发挥这种才智。例如，同样以花卉作为作品表现的对象，如果无意追求表达灵感，可以随意地找一些人们熟悉的形式来表现；如若有意追求与众不同的表达，那么就应该自觉发挥才智，运用创意灵感。一草一木皆有情，人无情时草木亦无色，人若有情草木也添光。香奈儿的山茶花系列珠宝首饰，是典型的花卉首饰作品，设计师在讲述设计灵感时说："我对山茶花有特别感受，她曾是我爱情的经历，因此，我将其视为爱情的象征。"对于象征爱情的花卉，可能最为人熟知的是玫瑰，但该设计师独辟蹊径，用山茶花表达，虽说与个人经历相关，但将这种经历演化成创作灵感，不是每个人能企及的。这完全应该归结于设计师机智敏感的认识思维，因为有了它，使其捕捉到了灵感，并运用它创作出了别具一格的作品。

　　我们始终相信：通过不断的实践和积累，灵感是可以得到的，只是需要在实现过程中，以勤奋、坚持、积极的态度，去放飞你的思维，去触发你的机敏感知。

　　事实上，不同的设计师都可以运用自己的思维活动，通过机智敏感的认识行为，可使灵感得到触发，在设计实践过程中，自觉地发挥这种才智。

　　通过不断的实践和积累，灵感是可以得到的，只是需要在实现过程中，以勤奋、坚持、积极的态度，去放飞你的思维，去触发你的机敏感知。

中国西汉　　　　　　　　　中国明朝　　　　　　中国清朝

1804-1815
L'Empire
帝国时期

玛莉露薏丝（Marie-Louise）皇后肖
像，西元 1812 年，作者：罗伯特·勒
佛（Robert Lefèvre）。肖像中呈皇后佩
带着尼铎（Nitot）打造的钻石首饰。
巴黎 CHAUMET 博物馆收藏。

1910-1930
Le style indien
印度风格

蒸汽船的盛行让旅行速度加快，也
使许多印度王子开始通过旅行对欧
洲品味感兴趣。
这些王子都是珠宝的大收藏家，他
们将宝石带到凡登广场，以便重新
让镶嵌在更轻盈细致的白金台座上。
最美的宝石大部分为男士所佩带，
例如西元 1911 年 CHAUMET 为印
度大君所订制的著名梨形对钻即为
证明。

　　事实上，首饰进步都是从物质到精神的一个过程，中外皆如此，只是发展的速度不一

丰富意趣为艺术的魅力所需

——珠宝首饰设计感悟之四

从中国珠宝首饰业的发展历史来看，曾经历了由物质财富的认识，到物质财富与精神愉悦并重，再到精神愉悦为主、物质财富为辅的过程，即由将珠宝首饰视作为财富的象征，到财富与美观兼而为视，再到视美观为主、财富为辅的过程。这种发展历程表明，人们对于珠宝首饰的认识不断向着精神追求方向驰骋，珠宝首饰认识水平从感性认识向理性认识进化，是由浅知向深识的发展，更是一种成熟的、深刻的、积极的表现。这种进步使中国珠宝首饰进入一个质的飞跃阶段，对于设计师而言，应该清醒地意识到这点，并由此做出积极的反应。

如果是一位从事珠宝首饰设计实践几十年的设计师，对于这种变化应该有着特别的体验。早期的设计几乎都是围绕着材料的成色与类型进行探究，因此，作品的表现非常材料化，即材料成色高、重量大。而今的设计形式需要美观，主题需要清晰，内涵需要多样，工艺需要精致，观感需要愉悦。这种变化形成了产品表现的材料纷呈，工艺展现的琳琅满目，意趣呈现的丰富多彩，珠宝首饰成了人们精神追求的象征。设计师在设计实践中，将作品的表现从物质形式向精神领域伸展，并以此充分表现人们内心复杂而多变的精神向往。

由简单的形式表达升至丰富的内容表达，无疑是需要艺术来刻画的，这是一种必然的选择。因为，艺术使人们能够充分地将形式与内容达到有机的联系，也只有艺术才能将这种联系推至无限的高度。况且，艺术本身就是揭示事物、生活及社会关系的特殊手段，它是为解决人们对于世界各种认识与表达而产生的科学，因而对珠宝首饰的表达有着极其重要的价值。为此，有必要探讨一下艺术在珠宝首饰设计实践中的运

人们对于珠宝首饰的认识不断向着精神追求方向驰骋，珠宝首饰认识水平从感性认识向理性认识进化，是由浅知向深识的发展，更是一种成熟的、深刻的、积极的表现。

设计师在设计实践中，将作品的表现从物质形式向精神领域伸展，并以此充分表现人们内心复杂而多变的精神向往。

艺术使人们能够充分地将形式与内容达到有机的联系，也只有艺术才能将这种联系推至无限的高度。

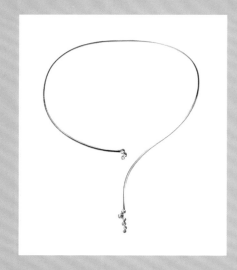 

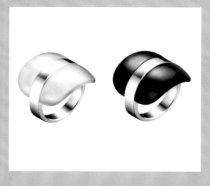 

从简单到繁复的不同艺术形式，既是不断刻画人们内心的历程，也是认识过程的写照

用，有效提高设计的质量与水准。

如今的生活环境、思维环境、表现环境，都为艺术的理解、想象和表现提供了非常良好的时空天地，因为人们已经对艺术怀有敬意，希望艺术给生活带来美妙、多彩、欢愉的作用，以更广泛地提升精神满足感，激发对生活的美好信念。而且，随着生活条件的不断改善，将珠宝首饰作为对高品质生活的追求，在寄托精神、追念情思、实现信仰、彰显品位上具有无限的可能，只要有效地、积极地、成功地表现这种可能，那么其作品一定会受到欢迎。

谈到艺术的魅力，在其他领域里不乏成功的作品，无论是文学、诗歌，还是绘画、音乐，都有极其感人的杰作，从《乱世佳人》《相思》，到《蒙娜丽莎》《欢乐颂》，都是脍炙人口的艺术佳作。它们的共同特性是艺术规律的运用达到非常之高的造诣，让人们充分领略到艺术给予视觉、听觉、心灵的各种绝妙体验。由此，使精神为之焕然。相信这也是珠宝首饰设计师的向往，将艺术的魅力融于珠宝首饰作品中，使人们在欣赏、使用中体验到丰富的内涵、愉悦的感受和精神的满足。当然，由于领域的不同，艺术规律的差异，我们不能简单、盲目地采用其他领域的作品及艺术方法。对此，笔者通过较长时期的实践体会到：珠宝首饰的艺术表现，应在其本身特性基础上，将意趣作为追求的方向，通过丰富而多样的生活情趣、理想意念、审美境界，实现艺术的有效表达，让人领略到视觉与心灵的完美体验，享受到珠宝首饰的艺术魅力。

有丰富意趣者，多为达观之见，情味深长尔。在认识思维里，见之越多，识之越广，所谓丰富，便是这种经历积累较多。因为，积累颇多，其观察能力就具广度与深度，理解达到完善而入木三分，故称达观之见。同样，在观察之后的判断与表达上，因体验的异常丰富，便不为表象所惑，时常在情理之中，发掘出意料之外的意韵，使情味更为深邃而绵长，故称情味深长。拥有这种认识的人士对于珠宝首饰韵味，将会显现独具慧眼的感悟。白居易在《长恨歌》中写道："云鬓花颜金步摇""翠翘金雀玉搔头""珠箔银屏迤逦开""钿合金钗寄将去，钗留一股合一扇，钗擘黄金合分钿""但教心似金钿坚"，诗人将珠宝首饰的形与色、材与质、动与静、情与理表现得异常绝妙生动、清晰自然、意味深长，

随着生活条件的不断改善，将珠宝首饰作为对高品质生活的追求，在寄托精神、追念情思、实现信仰、彰显品格上具有无限的可能，只要有效地、积极地、成功地表现这种可能，那么其作品一定会受到欢迎。

珠宝首饰的艺术表现，应在其本身特性基础上，将意趣作为追求的方向，通过丰富而多样的生活情趣、理想意念、审美境界，实现艺术的有效表达，让人领略到视觉与心灵的完美体验，享受到珠宝首饰的艺术魅力。

艺术最终将成为珠宝首饰追求的终极目标，丰富的艺趣是其核心价值所在

让人对珠宝首饰的形态美感思绪万千，从而充分领略到了珠宝首饰的艺术魅力。

　　诚然，这种感悟不是所有人都可企及的，但在艺术的引导下，其中的丰富意趣表达是我们需要学习和借鉴的。作为珠宝首饰设计师，对艺术规律领会得越深，作品就越意趣丰富，感染力就越强。事实上，当大家在欣赏优秀的中外珠宝首饰作品时，每每感到惊羡和赞叹的，一定是作品体现的意趣，并在这些意趣里找到了心弦的共鸣，从而被它深深地打动。伊丽莎白·泰勒曾对珠宝首饰做过这样的描述："每当伯顿赠予我珠宝首饰，我都会想到我们的爱情，看到首饰更使我坚信这种爱情的可贵，特别是那些与我想象契合，为我期盼的款式，总使我激动不已。"我们相信，她在那些珠宝首饰里领悟了伯顿的深情爱意，也找到了自己的精神寄托，通过珠宝首饰加强了彼此的心灵沟通，也为他们的感情留下传奇的故事。

　　伊丽莎白·泰勒不是一位珠宝首饰设计师，她能够被珠宝首饰感动，一定是作品的丰富意趣契合了她的内心向往。这就告诉我们，一件成功的珠宝首饰作品必然是未来拥有者意料之中的，但又是出乎意外的。因为，"意料之中"表达了他的需求，而"出乎意外"是他寻觅的需求，一旦两者契合，便引起了异常激动，使他果断选择，并最终得到高度满足感。这种结果，既是珠宝首饰意境的作用，也是珠宝首饰设计师创造意境的结晶。而这种意境的达成，不但需要高超的艺术运用，还需要设计师本身的修养，这种修养包括对人世间的丰富体验，并将人类的各式意趣体味得淋漓尽致。

　　同为艺术的探索者，珠宝首饰设计师与诗人，对色彩的理解可能各不相同。如果没有艺术知觉，表达时把不同色彩的材料简单地组合在一起，甚至毫无意趣地表现出来，这种情景在设计师中不乏其人。但是，有意趣者，对于色彩会竭尽华美地彰显之，宋代诗人杨万里在《晓出净慈寺送林子方》中写道："接天莲叶无穷碧，映日荷花别样红。"诗人在表现绿与红的色彩时，不但准确醒目，而且对比有致，更为人称道的是，将色彩与意趣融汇一体，使人在色彩的感染中，尽情地享受大自然的美妙景致。

作为珠宝首饰设计师，对艺术规律领会得越深，作品就越意趣丰富，感染力就越强。事实上，当大家在欣赏优秀的中外珠宝首饰作品时，每每感到惊羡和赞叹的，一定是作品体现的意趣，并在这些意趣里找到了心弦的共鸣，从而被它深深地打动。

一件成功的珠宝首饰作品必然是未来拥有者意料之中的，但又是出乎意外的。因为，"意料之中"表达了他的需求，而"出乎意外"是他寻觅的需求，一旦两者契合，便引起了异常激动，使他果断选择，并最终得到高度满足感。

意境的达成，不但需要高超的艺术运用，还需要设计师本身的修养，这种修养包括对人世间的丰富体验，并将人类的各式意趣体味得淋漓尽致。

各种艺术的美学价值都可以在珠宝首饰中得到体现

卡地亚的花豹首饰是世人瞩目的佳作，它对珠宝首饰色彩出色地运用，使作品的艺术魅力达到无与伦比的程度，通过冷艳的色彩渲染，将大自然中的王者风范，表现得威风凛凛，不可一世，成为珠宝首饰中独领风骚的一代杰作。

在上述的诗作和珠宝首饰里，我们见证了丰富意趣的艺术魅力，也懂得了真正杰出作品的感染力。对此，在珠宝首饰设计实践时，设计师应该充分创造条件，运用自身的感悟力，将丰富的意趣融于作品的创意设计中，提升作品的鲜活生命力与艺术感染力。

可能在设计实践时，并没有如此多的精彩题材，抑或如此奢侈内容的作品供我们创作设计，也许小品类、平凡化的作品居多。但这不妨碍真正意趣的表现，国画大师齐白石便以创作小品而著称于世，在他的作品里，并不缺乏丰富的意趣，一石一木、一鱼一花，都是情趣丰满、灵性奇巧、韵味十足，人们依然感受到了作品的生动意境，并被这种意境打动，由衷地赞叹他的超卓天赋和创作才华。当我们徜徉在艺术的世界里，有丰富的意趣陪伴时，离美妙的作品是不会遥远的。

在珠宝首饰设计实践时，设计师应该充分创造条件，运用自身的感悟力，将丰富的意趣融于作品的创意设计中，提升作品的鲜活生命力与艺术感染力。

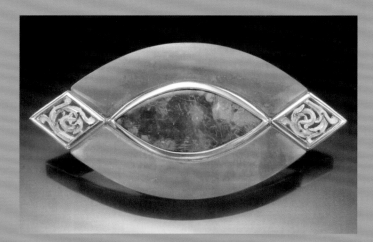

宝石与黄金的结合

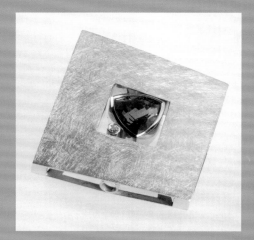

贵金属材料的特殊纹理效果

丝绳材料与钻石的结合

大颗粒宝石包贴些许贵金属

珠宝首饰的求变是设计创新的意义所在，而求变可以是多方面的

方略十一
重视创作的提升

多样融合是求变的必然选择
——珠宝首饰设计感悟之五

在珠宝首饰设计实践中，无论是创新还是创意，都离不开求变。变是创新的重要意义所在，没有变化很难达到创新，新款式、新工艺、新构造，都是改旧变故后才能达到；同样，变是创意的重要目标所在，没有变化就意趣乏味，人们生活的多样化，导致情趣上的纷繁追求，只有通过变化才能满足这种需求。因此，求变是珠宝首饰设计的必然选择。

既然求变是珠宝首饰设计的必然选择，那怎样才能使这种选择达到创作俱新、创意多趣呢？从设计实践体验来看，多样融合是比较有效的方法。所谓多样融合，就是运用各种表现手段、艺术样式、思维想象，给予作品多样性的呈现。例如，可以采用绘画的色彩表现技巧，借鉴文学的叙述方法，纳用诗歌的写意手段；也可以选用建筑的构建形式，移用工程的技术科学等，通过不同的形态、构造、技术、理念融合，达到作品设计求变的目标。

无论是新晋珠宝首饰设计师，还是从业多年的珠宝首饰设计师，在设计实践过程中，对于作品的变化范围及幅度都有着自我的判断、设想和方法。从理论上讲，每一件作品的问世，都包含一定程度上的变化，只是这种变化有强有弱而已。今天探讨的变化，是关于较广泛、也较深刻的变化，不是那种仅仅变动一下文字，大规格变小规格；也不是形式相近，纹样改变；结构相同，材料改变等。是由设计理念的变革，推动形态、工艺、材料、技术等的一系列变革，而使作品有较本质、较关键的变化。

对于这种变化，有的设计师会发问：怎样去改变珠宝首饰的本质？又怎么使珠宝首饰在关键上求变？要解决这些问题，需要对珠宝首饰的

在珠宝首饰设计实践中，无论是创新还是创意，都离不开求变。变是创新的重要意义所在，没有变化很难达到创新，新款式、新工艺、新构造，都是改旧变故后才能达到；同样，变是创意的重要目标所在，没有变化就意趣乏味，人们生活的多样化，导致情趣上的纷繁追求，只有通过变化才能满足这种需求。

由设计理念的变革，推动形态、工艺、材料、技术等的一系列变革，而使作品有较本质、较关键的变化

1910-1930
L'Art Déco
装饰艺术时期

此时的 CHAUMET 珠宝设计充满了
几何的造形,以符合二〇年代的"中
性"流行装扮,直到三〇年代才转
换为较女性化的风格。
这种风格造就了装饰艺术的产生,
更于西元 1925 年巴黎博览会上达到
了巅峰,突显出强烈的色彩、对比
的材质以及有色宝石的使用等特色。

1930-1970
Entre Tradition et Modernité
介于传统与现代

三〇年代的 CHAUMET,不仅延续
了品牌的传统精神,更赋予现代的
风格,象征巴黎仕女一向追求创新
与前卫的高级品味…。容易穿戴的
金饰开始出现在全新概念装潢的精
品店内。
位于凡登广场 12 号的 CHAUMET
工坊,自 1780 年起便不断将技艺
传给代代的工坊总监,再次见证了
CHAUMET 的工艺传承精神。

在求变的过程中,要懂得历史与未来

本质有一个较全面、较新颖的理念判断。当一门学科、一个领域或一个产业形成一定时期后，必然会形成相应的规程，并出现对其本质的描述。珠宝首饰也是如此，就已有的认识，人们对它的本质可能是如此阐述：是一种用珠宝、贵金属（也可以是非贵金属）制成的，用于装饰人体或生活的产品，并带来形象、心理、财富以及显现生活状态、人性特质的物质与精神面貌。它的关键是利用各种材料，通过各种形态让人们在欣赏、使用过程中达到一定程度的满意感，尤其追求作品表达与拥有者感受的契合度，契合程度越高，视为越成功。

如果说，这种对珠宝首饰本质与关键的阐述已基本吻合现今大多数人的认识状态，那么我们又怎样使它产生新意呢？笔者感到，随着社会的进步，其本质属性存在一定发展和修缮的必要。首先，珠宝首饰的运用范围会产生较大的延伸，不再主要是人体的装饰品，还可以渗透至更广泛的生活领域。比之过去，如今手机、U 盘、包饰都可以有珠宝首饰的痕迹，名片、洁具、车饰也可以成为珠宝首饰的表现范畴，而眼镜、化妆盒、镜框更可以是珠宝首饰的装饰对象。这种发展使珠宝首饰概念的外延不断得到扩展，是其本质属性演变的写照。同时，珠宝首饰的一些关键内容、技术、材料也在发展中变化，电脑控制装备、激光加工手段、新型电镀技术、各种合成材料等珠宝首饰关键内容的变革，使其在作品的表现与传达上都达到了史无前例的程度，将珠宝首饰的工艺与技术向更深层面发展，推进了人们对于珠宝首饰变化的认识。从这些进展中，促使我们对珠宝首饰的本质进行深入思考，需要更全面、更新颖的判断。在理念上有了这种准备，那么，对于求变的选择无疑会产生极大的帮助，可能再也不认为求变是难以实现的目标。

在求变的过程中，大家都会寻找不同的方法，一旦方法行之有效，求变的效果将耳目一新。那么，怎样找到这种方法呢？我们的体会是：多样融合是求变的好方法。这种方法可以扩大珠宝首饰创新内容的范畴，也可以丰富珠宝首饰创意的内涵，更可以提升珠宝首饰与消费者的完美契合。事实也证明，多样融合能为珠宝首饰设计实践带来更宽广的表现空间。著名的装饰品品牌范思哲在 2010 年设计了一款"Versace Unique"手机，这款手机由纯手工制作，采用陶瓷、不锈钢和 18K 黄

手袋

滑动钻石挂件

万宝龙伊丽莎白一世
888 系列限量墨水笔

书写笔

口红

多元变化必然带来多元融合，造就产品的多样化

金材料，并镶嵌了蓝宝石、水晶作为触控屏幕，配备 3.0 英寸屏幕、500 万像素摄像头、LED 闪光灯，支持杜比环绕立体声，俨然成为首饰型的实用手机。这款作品不仅是珠宝首饰材料与手机的融合，也是珠宝首饰传统工艺与先进电子技术的融合，更体现了珠宝首饰多样融合的运用与成功。

对于求变，既是设计理念的需要，更是行为的指导。任何珠宝首饰设计的实践，均在创作中求得不断的变化与发展，没有变化就不需要设计，也就没有设计的价值。因此，出色的珠宝首饰设计都会将求变放在极其重要的位置。宝格丽珠宝首饰享誉全球，该品牌禀承尼可拉·宝格丽的名言："一个人如果只想凭借过去的辉煌是非常愚蠢的，如果要成功，就必须结合过去、现在、未来，这才是挑战，而地平线并非只有一条。"无论是现在还是未来，都需要在变化中发展，这是显而易见的。

多样融合在珠宝首饰设计实践中的理解，是在创作时尽可能博吸广纳、博采众长地移用、借鉴、参考各种学科、领域、方法、内容，使设计的求变空间放大，触角伸展，以利于创新、创意能力的增强和提高。对于这一点，国际珠宝首饰品牌都是如此，卡地亚不但拥有传统的珠宝首饰，还在钟表、文具、包袋等产品上具有相当的创作；蒂芙尼不仅在珠宝首饰领域打造丰富的产品，也在西式餐具（包括咖啡用具）、盥洗用品、个人护理用品上有着不少产品线；范思哲已经从服饰、珠宝首饰、化妆品领域，向眼镜、瓷器、家居、手机、车饰发展。这些都证明了多样融合已成为求变的趋势性实践方法。

多样融合在珠宝首饰设计实践中的运用，是在不同环境、不同认识、不同需求下，采取多种合理的方式进行。每一种融合、创新必须符合其规律，不能在毫无认识的时候为融合而手足无措地去求变。在多样融合的过程中，有的是理念采用，有的是方法借鉴，有的是结构采纳，有的是意境借用。这些运用是为了提高珠宝首饰作品创新、创意的有效性和可能性。萧邦珠宝首饰在 1975 年创新设计了一款"快乐钻石"（Happy Diamonds），活动的钻石在两块透明的蓝宝石之间，可以完全自由地滑动和转移，钻石不停地游走，闪烁出星星点点的诱人光芒。这款创意本是用于腕表，后被移植到珠宝首饰中，风靡一时。

对于求变，既是设计理念的需要，更是行为的指导。任何珠宝首饰设计的实践，均在创作中求得不断的变化与发展，没有变化就不需要设计，也就没有设计的价值。

多样融合在珠宝首饰设计实践中的理解，是在创作时尽可能博吸广纳、博采众长地移用、借鉴、参考各种学科、领域、方法、内容，使设计的求变空间放大，触角伸展，以利于创新、创意能力的增强和提高。

每一种融合、创新必须符合其规律，不能在毫无认识的时候为融合而手足无措地去求变。

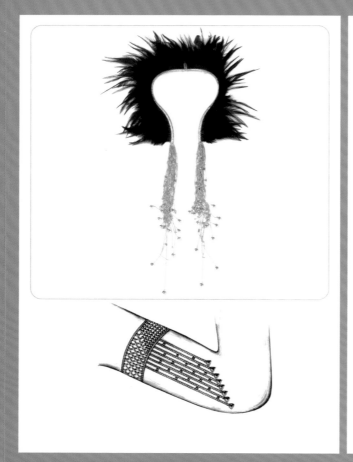

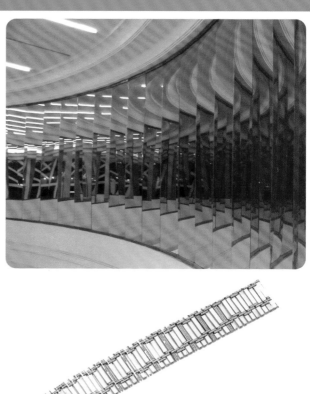

在多样融合中需要懂得不同的规律与差异

　　多样融合在珠宝首饰设计实践中的要求，是通过深刻思索、理解的基础上，加以适当整合。由于领域、内容、规律等的差异，融合会产生一些排异现象，如果没有适当整合将成为胡"变"乱造。我们曾遇到过有的设计师为了融合，简单地借鉴其他领域的产品，将贵金属制成电话机，结果使用时无法清晰地通话，后经检查是金属具有屏蔽性，使之成为错误的设计。因此，在设计实践时，必须深刻地认识不同产品的不同结构，不同性能差异，使多样融合成为求变的有效手段。在国际奢侈品领域中，戴比尔斯钻石矿业集团是显赫的，而路易·威登的箱包、手袋是非常闻名的，经过长时间的斟酌、谈判、考量，两巨头进行了融合，共同进军奢侈珠宝首饰及生活用品领域，它们相互借鉴优势，整合市场资源，使彼此的品牌和产品更为优异。我们认为，这种融合是比较成功的，相信今后一段时期里，这种多样融合的现象将会更多地出现。

　　当今世界的发展已经越来越多地呈现融合性，不管是技术科学，还是人文科学，都会相互影响、相互促进、相互交融，跨界的合作、交流、运用也会很频繁，这种状况使多样融合成了创造新事物、新观念、新认识必然而重要的选择。珠宝首饰的创新、创意也将随着这种融合而进步，并通过求变取得发展。

　　当今世界的发展已经越来越多地呈现融合性，不管是技术科学，还是人文科学，都会相互影响、相互促进、相互交融，跨界的合作、交流、运用也会很频繁，这种状况使多样融合成了创造新事物、新观念、新认识必然而重要的选择。珠宝首饰的创新、创意也将随着这种融合而进步，并通过求变取得发展。

锤炼是一个设计师长期的职业行为

不断锤炼是进步的可贵保证

——珠宝首饰设计感悟之六

从设计师的成长规律来看，需要经过设计实践—理性认识—进化实践—再理性认识的循环，使自己逐渐进步、提升，最终成为一个有作为的珠宝首饰设计师。这种成长历程是必须的，也是必然的；但就不同的个体而言，历程的长短、进步的速度显然是各不相同的，其间的能力与努力将深深影响成长的时间和速度。

"天行健，君子以自强不息。"天道刚健，君子应当以此为楷模，自强不息。要"自强"且能"不息"，必须具有忍耐、忧患、自悔三种意识，这种忍、忧、悔便是"自强不息"的内涵所在。要在成长的道路上前进，"自强"是基础，也是"不息"的根本。为此，《周易·乾》中提出要"潜"，"潜"是自身力量不足而采取的一种自觉的理性行为，是自强不息的起点。

当建立起自强且不息的理念后，在"潜"的过程中，自觉地积蓄力量，形成人们常说的"厚积薄发"，这时行为如一颗种子，埋入地下，经过吸收各种养料，最后破土而出；而且，越是漫长、越是艰难的初始积聚，对以后的整个成长发育越是有利。孟子曾说："天降大任于斯人也，必先苦其心志，劳其筋骨，饿其体肤，空乏其身，行拂乱其所为，所以动心忍性，曾益其所不能。"只有忍受各种苦难，其获益后才无所不能。

这些论述告诉人们，成长的道路不可能一帆风顺，在认识上必须有所准备，在行动时不停忍受并克服各种艰难险阻，达至厚积薄发，最终会获益良多，书写出精彩篇章。因此，珠宝首饰设计师在成长、进步过程中，先要建立认识和行为，通过自强不息的努力来达成自己的目标。而后要常怀忧患意识，如《周易》所说："君子终日乾乾，夕惕若厉，

从设计师的成长规律来看，需要经过设计实践—理性认识—进化实践—再理性认识的循环，使自己逐渐进步、提升，最终成为一个有作为的珠宝首饰设计师。这种成长历程是必须的，也是必然的；但就不同的个体而言，历程的长短、进步的速度显然是各不相同的，其间能力与努力将深深影响成长的时间和速度。

中国工艺美术大师陆莲莲
在工作室审稿

进取是锤炼中不断自觉的职业行为

无咎。"白天勤勉做事，晚间怵惕思省，以这种居安思危的心态，对待每一阶段的行为，时刻警惕自满、骄傲情绪的出现。

人是非常容易产生安乐心态且不思进取的，许多时候在取得一定成绩或进步时，会陷入松懈、倦怠状，甚至停下脚步，安享时光。这种状况会极大地影响前进的步伐。事实上，很多珠宝首饰设计师在自己的从业生涯中，或多或少都出现过这种状态。要避免它的再现，忧患意识的强化是非常必要的，时常将自己处于如临深渊、如履薄冰的状态，那么，居安思危的意识会油然而生，如果在自强不息的同时，有忧患意识提醒，相信就不会发生太大的错误。

在成长、进步过程中，也要不断告诫自己，不忘"自悔"的勉励。要"夕惕若厉"、"或跃在渊"，没有自悔的精神，是很难坚持做到的。因为，这种意识的实现，需要坚实的信念、精神给予保证，就像航行在大海里的船只，要驶向既定的港口，不但船只本身要具备足够抗击风浪的能力，还要在航行时对风浪有驾驭、处理手段，更要在风浪来临的时刻，不断保持清晰的意识，将这种驾驭、处理手段坚持到航程的终点。在整个行进过程中，始终将上述的意识与行为，在自我勉励中给予完美呈现。

珠宝首饰产业历史悠久，国外一些成功的珠宝首饰企业，不少都有100多年的历史，3～5代家族成员接力棒式地传承着；在中国，也有类似的珠宝首饰企业，它们资质深厚，有的成为中国非物质文化遗产的传承者、代表者，且这些传承者、代表者从事该业都有几十年，乃至半个世纪的光阴。它们为什么有如此旺盛的生命力呢？因为这个行业的技艺是特种手工艺，没有十年八载的摸爬滚打是不成器的，它需要日积月累、长期修炼才能有所成就。一些精品杰作，少则半年，多则一两年才能完成，甚至更久，如此，要积淀到出落成一件出色的作品，已经花开花落好几载了。

有一次，电视台采访一位中国非物质文化遗产的传承者，询问其从业历史，竟然已有20多年，在其40多岁荣获工艺美术大师称号，算是中国最年轻的了，试想其他的大师有多少年岁。对于一种需要投入大量时间积累而成的技艺，非经千锤百炼不能成钢，要成为合格者，无疑需要极大的毅力才能实现。由此，笔者认为投身该业者，应该具有充分的勇气去面对，犹如"长沟流月去无声，杏花疏影里，吹笛到天

珠宝首饰设计师在成长、进步过程中，先要建立认识和行为，通过自强不息的努力来达成自己的目标。

忧患意识的强化是非常必要的，时常将自己处于如临深渊、如履薄冰的状态，那么，居安思危的意识会油然而生，如果在自强不息的同时，有忧患意识提醒，相信就不会发生太大的错误。

在成长、进步过程中，也要不断告诫自己，不忘"自悔"的勉励。要"夕惕若厉"、"或跃在渊"，没有自悔的精神，是很难坚持做到的。

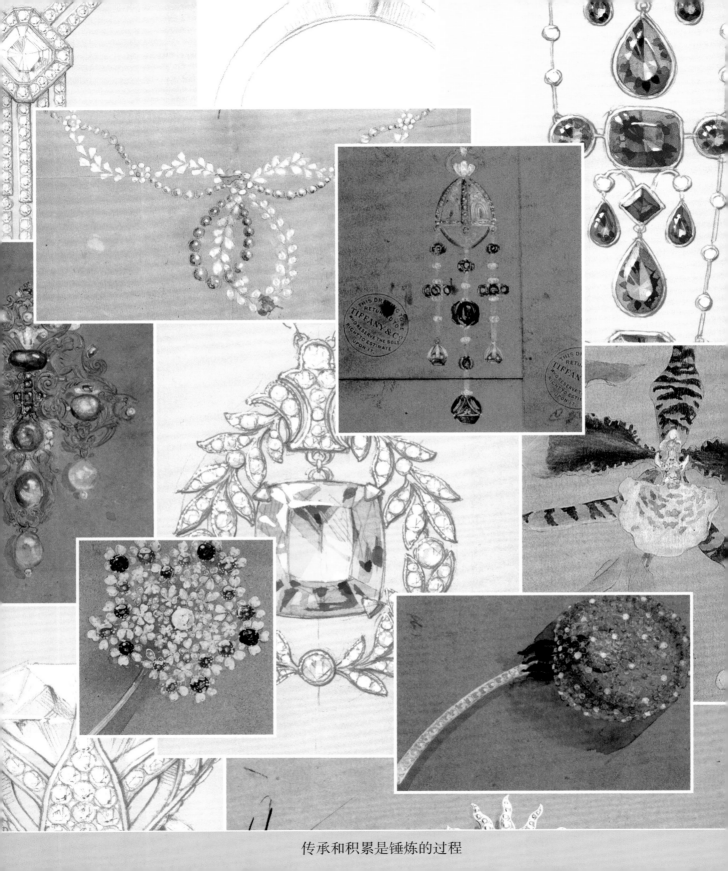

传承和积累是锤炼的过程

明"，抑如"板凳坐得十年冷"。在这漫长岁月中，不但对心智是一种考验，对自身也是一种磨炼，若要抵达成功的彼岸，不断锤炼是必不可少的，若要保证时有进步则不可须臾缺乏锤炼。

对于设计师来说，过去的发展历史已经很久远，未来的发展还将延绵不断，若要在这个时空里成就你的愿景，纵然可能性是无限的，但这种可能性取决于你的实现措施如何，要是对怎样取得进步没有透彻的认识，并且不断地锤炼，这种可能性几乎为零。由此，我们认为：无论是珠宝首饰设计专业的本身进步，还是为了在未来的时间里能取得成绩，你必须在实践中不断锤炼自己，让这种实践推动你的前进步伐。

珠宝首饰设计师的锤炼包括实践技能、艺术知觉、方向判断、审美境界等。洛根·皮尔索尔·史密斯在《事后的思索》中讲过一句富含哲理的话："检验一个人是否具备某种职业才能，就看他能否热爱其中包含的枯燥劳动。"经年累月的不断设计，有时的确让人感到枯燥，但是，这种枯燥使我们对职业更为尊重，通过大量的设计实践，锤炼出才能、智慧和成就。

珠宝首饰设计师的实践技能锤炼，其价值如古人所说："锲而舍之，朽木不折；锲而不舍，金石可镂。"达·芬奇对于蛋形的认识，是在成千上万次的练习后掌握的；齐白石对于虾趣的表现，是在历时旷久的练就后达成的。这种拳不离手、曲不离口的苦行僧般的锤炼，使他们成为中外艺术史上的丹青高手。

珠宝首饰设计师的艺术知觉锤炼，正如我国《吕氏春秋》中指出的："知美之恶，知恶之美，然后能知美恶矣。"艺术是设计师创作的工具和表达的手段，对于艺术知觉，如果连美与丑都不能有效地分辨、掌握，无疑这种工具是没有功用的，手段也是没有效用的。尼采曾说："对于艺术的存在，对于任何美学行为或美学感觉的存在，一种特定的心理先决条件是必不可少的，那就是陶醉。"没有这般陶醉，是无法拥有艺术知觉的。

而对于方向判断与审美境界的锤炼，则更会影响设计师一生的进步。荀子曰："积土成山，风雨兴焉；积水成渊，蛟龙生焉。"如果设计师对于方向存在判断失误，不可能有高尚的境界，也不可能为这种境界而努力。这种关乎前景的认识，非经锤炼不能明晰，这种关乎愿景的实现，非经锤炼不可为致。

无论是珠宝首饰设计专业的本身进步，还是为了在未来的时间里能取得成绩，你必须在实践中不断锤炼自己，让这种实践推动你的前进步伐。

珠宝首饰设计师的锤炼包括实践技能、艺术知觉、方向判断、审美境界等。

经年累月的不断设计，有时的确让人感到枯燥，但是，这种枯燥使我们对职业更为尊重，通过大量的设计实践，锤炼出才能、智慧和成就。

成为市场畅销的作品

成为获奖的作品

成为代表性的作品

成为经典的作品

成为品牌的作品

大部分人受珠宝品牌的影响，将"成功"视为要具备以上要素

方略十二
彰显设计师的风格

豪华落尽见真淳
—— 正确理解成功的概念

　　每一个珠宝首饰设计师都有理想的目标，如希望设计的作品成为市场畅销品，抑或在设计竞赛上获奖，这样就能体现设计的成功与水平。我们不能完全否定这种目标存在的价值，结果确实在一定程度上反映了设计师的能力，但是，这并非设计师的全部目标所在。可能有人会提出疑义，对此，我们与大家一起来分析、探讨一下。

　　首先，简述一下成功的概念。所谓成功的珠宝首饰设计作品及设计师，大概有这些要素：能够获奖的；能够被市场接受的；有相当名声的；有代表性的；可以成为经典的……不过，仔细分析这些要素内容时，就会产生几个问题：这些成功的标准是怎么来的；这些标准适合怎样的范围；谁来制定这些标准。当这些内容进行交融时，可能成功的概念就不是那么准确了。举例来说，一件在中国某个首饰市场受到欢迎的产品，在全国首饰市场不一定普遍受到好评，如果要出口至海外，更有可能不被接受。再如，一位较有名声的珠宝首饰设计师设计的产品，在欣赏他（她）的消费者中具有较好的接受度，而在其他消费者中却反响平平。相信因认识和评价标准的不一，对所谓的成功概念是无法有统一的共识的。

　　由此，可以引出一个重要的认识问题，即一个概念的表达，需要确定一个相应的边际范围，否则笼统地提出概念，是很容易被人曲解的。因此，对于成功作品的理解，或者成功设计师的评价，需要有一个正确的，同时还需完整或合理的概念标准及其适用范围。反观上述所涉的问题，它固然有一些标准的要素，但理解的时候，却游离了它的边际范围，甚至有些僵化的认识，这就呈现出不完整且不合理的看法。如果用这种

　　所谓成功的珠宝首饰设计作品及设计师，大概有这些要素：能够获奖的；能够被市场接受的；有相当名声的；有代表性的；可以成为经典的……不过，仔细分析这些要素内容时，就会产生几个问题：这些成功的标准是怎么来的；这些标准适合怎样的范围；谁来制定这些标准。

东方式首饰款型　　　　　西方式首饰款型

—— 东西方首饰文化的不同 ——

东方式首饰审美　　　　　西方式首饰审美

—— 东西方首饰审美的不同 ——

东方式宗教文化　　　　　西方式宗教文化

—— 东西方宗教文化的不同 ——

东方式首饰材质　　　　　西方式首饰材质

—— 东西方首饰材质的不同 ——

成功事实上是没有统一标准的

看法作为标准去追求，那么就会出现方向性的判断错误。

从另一方面讲，珠宝首饰作品与珠宝首饰设计师分属两个概念，虽然珠宝首饰是由珠宝首饰设计师创作的，两者有一定的关联，但不是完全等同的。例如，某些时候设计师成功地创作了一件畅销的珠宝首饰作品，如果此时就称他（她）是一个成功的设计师，显然还不够准确。一是可能存在某些偶然性；二是可能存在作品内涵（如艺术性、工艺性）的优异程度没有同类产品的比照；三是可能存在市场的特殊状态（如垄断情况）等。作为成功的珠宝首饰设计师，必须经过相当时期的历练，具有丰富的成功作品积累，并具有独特的设计风格和艺术风采。仅靠些许产品偶然成功的设计师，并不能列为成功的设计师，这就是设计大师少而设计师多的原因。一件成功的作品是局部的成就，一个设计师的成功是整体的成就，他们的层面和质量不可等量齐观。

那么，怎样才能正确理解并达到作品与设计师全面成功，以及运用于设计实践中呢？我们将分别探讨作品和设计师这两个概念。先来阐述成功的珠宝首饰作品概念，所谓成功的珠宝首饰，与其概念的相关标准的恰当选取及应对是密切关联的。笔者的体会是要把握八个字，即合理、合情、合适、合规。

第一，合理的评价标准。所有的评价标准都是人为制定的，无论是珠宝设计竞赛的标准、创新设计产品的标准，还是市场畅销的标准、代表性作品的标准，都是在一定时期、一定范围、一定认识基础上形成的。也就是说，不存在无理由的绝对评价标准，这种评价标准必须是相对合理的，即符合逻辑的。例如，在强调新颖性时，不能同时又强调传统性；同理，在注重个性化时，不能又注重普遍化。虽然希望做到兼顾，但不能都是重点，必须有所侧重，否则评价标准的合理性就无法体现。关于评价标准，可能来自于两个方面，一个是外在给予的，如企业、消费者（代客户定制）、竞赛主办者等；另一个是内在给予的，即设计师自己所设立的。对于前者的评价标准要仔细审阅，理解到位，发现问题须及时沟通。对于后者的评价标准要恰当可行，具有充分的掌控性，发现问题须及时调整。

第二，合情地理解评价标准。所有的评价标准都具有一定的主观

所有的评价标准都具有一定的主观性，因为评价标准都属人为制定，会受制定者认识能力与水平的制约。

在理解时，就须发挥设计师的主观能动性，不可刻板地认识评价标准，否则便不能正确理解评价标准的启发性、倡导性。

我们应该掌握合适的思路与合适的作品，匹配合适的环境与合适的人。

如何运用规则来满足评价标准，对于成功的作品具有相当重要的作用，运用得当会取得事半功倍的效果，反之则事倍功半。

性，因为评价标准都属人为制定，会受制定者认识能力与水平的制约。当珠宝首饰设计师在理解和掌握时，既受到评价标准主观性的影响，还受到自身认识评价标准的影响，因此，合情地理解评价标准是必不可少的。例如，评价标准希望观赏性与实用性都具有创新感，但由于材料的工艺局限，不能同时达到此要求，就必须合乎情理地平衡与取舍。同样，在评价标准出现使用材料与价格限制时，不能完全达到既豪华又低廉，要懂得符合实情的配置与巧施。由于评价标准的主观性，在理解时，就须发挥设计师的主观能动性，不可刻板地认识评价标准，否则便不能正确理解评价标准的启发性、倡导性。

第三，合适的思路应对评价标准。在创作设计珠宝首饰时，设计师多有追求所谓的最佳作品，然而，世间很难有这类作品，即使在珠宝首饰设计竞赛中出现"最佳作品奖"，那也只表明在竞赛范围内的参赛作品，况且是在一个特定的范围、特定的项目、特定的时间内，一旦离开这些背景，可能也不是完全的最佳作品。与其追求这种偶然的最佳，不如追求合适的创作。社会学家有两句智言：合适的，就是好的；没有最好，只有更好。事实上，也很难存在最好的，如果存在，那就没有发展了，也不需要发展了，这可能吗？通过市场的观察，也能证明这一点，一些国际品牌的珠宝首饰，都是针对一定的消费族群，彼此之间尽量造就差异化，以合适的产品去满足合适的对象。因此，用合适的思路及合适的作品应对评价标准是非常明智的。合适的思路本身就包含了较优异的智慧，它具有比较优势；合适的作品同样是经过优胜劣汰后的精品，具有较强的适应性和生命力。我们应该掌握合适的思路与合适的作品，匹配合适的环境与合适的人。

第四，合规地利用评价标准。通常有了一定的评价标准，就会产生相应的运用规则。如何运用规则来满足评价标准，对于成功的作品具有相当重要的作用，运用得当会取得事半功倍的效果，反之则事倍功半。例如，以黄金材料作为作品创作评价标准，那么，在设计过程中始终要以此为标准，同时，在运用规则时，应该围绕黄金的材料、特性、工艺、造型、价格来展开实施，且最大程度满足评价标准的内涵，这样在设计作品时就不会违背评价标准。如果此时在设计中游离评价标准，将各种钻石、红蓝宝石充斥其间，那么，设计得再完美也不可能是成功的作品。当然，不是说应用了黄金就自然是成功的作品。如何将材料的特性表达得完美、别样，将工艺施展得巧妙、精致，将造型彰显得鲜明、独特，才是回答评价标准最有力的答案。没有这些成功的答案，便没有成功的作品。

　　另外，在利用评价标准时，要学会采取意料之外、情理之中的手法。所谓意料之外，就是突破常规的思维，以取得从未有过的效果；而所谓情理之中，就是能够被评价标准接受的要求。例如，在采用黄金材料设计首饰作品时，常规的思维都会以佩戴的形式来设计，这样的结果不会违反评价标准，但效果通常会受到制约。如果突破常规思维，在可以佩戴的基础上，加上其他从未有过的功效，可能会出奇制胜，得到意料之外的效果；同时，使用的是黄金材料，又符合评价标准，仍是情理之中的合规评价标准。

　　探讨完珠宝首饰作品后，再来探讨一下珠宝首饰设计师。设计师既是作品的创作者，也是作品之外（如品牌、企业、风尚）的形象代言人。他（她）的成功外延要远远大于作品，被称为成功设计师的难度远大于成功的作品。十年树木，百年树人，人的成才难度、成才价值要比任何有形的物质高远，正因如此，成功的设计师才难能可贵。那么，怎样的设计师才配称之为"成功者"呢？

　　笔者认为：成功的珠宝首饰设计师应该具备丰富的佳作积累，独创的设计风格，鲜明的艺术见解，深刻的思想理念，广泛的精神影响等。有人提出：被评为大师的珠宝首饰设计师，应该可以称为成功的设计师了吧！对于这个问题还是需要理性而冷静的对待。现在大师的称号越来越多，在工艺美术领域，或者其他艺术领域，大师的数量日渐增多。据了解，他们不少是行业协会、民间机构、团体组织评选并命名的。问题是这些行业、机构、组织的代表性如何？目前我国的行业协会、民间机构、团体组织多得让人吃惊，相同的行业会有许多个协会，由此，出现一人获得几个大师称号的情况。不否认有些大师是具有相当的水准，但也有不少大师是浪得虚名。面对此情此景，已经无法让人们真正判别他们的真情实况，更何况一些"大师"的作为，有违该专业的水平和操守，

在利用评价标准时，要学会采取意料之外、情理之中的手法。所谓意料之外，就是突破常规的思维，以取得从未有过的效果；而所谓情理之中，就是能够被评价标准接受的要求。

　　设计师既是作品的创作者，也是作品之外（如品牌、企业、风尚）的形象代言人。他（她）的成功外延要远远大于作品，被称为成功设计师的难度远大于成功的作品。十年树木，百年树人，人的成才难度、成才价值要比任何有形的物质高远，正因如此，成功的设计师才难能可贵。

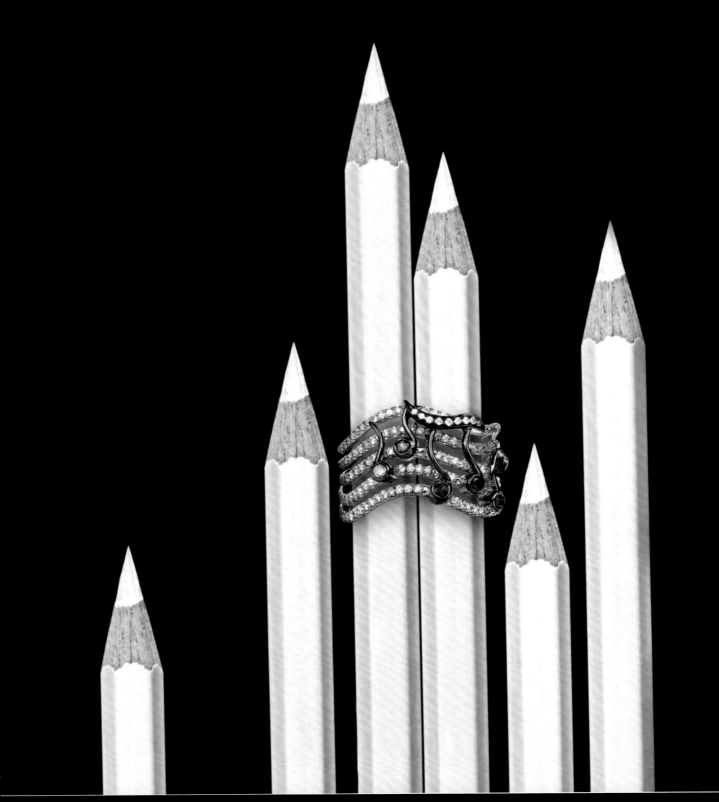

作为设计师要有合理的思路应对评价标准

受到社会质疑。

　　成功的珠宝首饰设计师不能完全依照大师的标准衡量，过多追求表面的、局部的、暂时的成绩，是不可取的。法国雕塑家罗丹曾深有体会地说：“真正的艺术家总是冒着危险去推倒一切既存的偏见，而表现他自己所想到的东西。”如果要成为真正成功的珠宝首饰设计师，应该具有自己独特的思想，应该建立自己创新的体系，能经过较长时期的锤炼，塑造自己作品的风格，树立自己设计的理念，并以此作为成功的标准，利用这些成功的要素去创作出色的作品。

要成为真正成功的珠宝首饰设计师，应该具有自己独特的思想，应该建立自己创新的体系，能经过较长时期的锤炼，塑造自己作品的风格，树立自己设计的理念，并以此作为成功的标准，利用这些成功的要素去创作出色的作品。

宝格丽的作品

仿宝格丽的作品

惯用模仿创作思路是不健康的，甚至是有害的

不畏浮云遮望眼

——坚持真我人格的品质

　　珠宝首饰设计师在设计实践中，多会思考用什么思路来创作。按照别人已成功的作品进行模仿，抑或对一些著名品牌的作品进行改良？根据客户的意思及喜好来设计，抑或根据同行的类型设计？完全以自己的思维及判断进行设计，抑或以消费者为目标进行设计？不同创作思路反映出不同设计师的品质，常言道：作品如人品。选择什么样的作品表达，也就展现了什么样的人品。上述几种情况，在珠宝首饰设计师的成长过程中，在不同时期都曾遇到过，可能是一种必经的历程。问题是不少设计师在发展的道路上，不能自觉地意识到，前两种创作思路只可作为学习和进步的借鉴，而不能成为最终的珠宝首饰创作行为。

　　出现前两种创作思路，对于初入行的珠宝首饰设计师是可以理解的，因为他（她）没有一定的经验积累，也没有多少实际的创作方法可以运用，学习和模仿是一种渐进成长的过程。但如果已经具有相当的经历，也有多年创作经验的设计师，惯用这些创作思路，那是不健康的，甚至是有害的。这种创作思路既可能造成侵害别人的知识产权，也可能堵塞自己创作方法形成的路途；再者，屈迎他人的喜好或盲从别人的创作思路，既会受到创作的局限，也会造成误判，导致无法准确形成良好的创作状态，长此以往，将无法成为一名称职的珠宝首饰设计师。

　　下面分析形成这种情形的一些原因。

　　投机取巧的心态。模仿他人成功的作品，多半是认为这样风险小，容易快速取得效果。类似心态在创作设计领域里不乏其人，在中国建筑设计上有之，国外有"白宫"，我们就有山寨版"白宫"；他国有"帆船酒店"，我们就有翻版"帆船宾馆"；别国有"凯旋门"，我们就有抄

不同创作思路反映出不同设计师的品质，常言道：作品如人品。选择什么样的作品表达，也就展现了什么样的人品。

这种创作思路既可能造成侵害别人的知识产权，也可能堵塞自己创作方法形成的路途；再者，屈迎他人的喜好或盲从别人的创作思路，既会受到创作的局限，也会造成误判，导致无法准确形成良好的创作状态，长此以往，将无法成为一名称职的珠宝首饰设计师。

香奈儿的作品

仿香奈儿的作品

不思进取的惰性，总是简单地曲解改良的含意

袭版"凯旋门"。在电子产品设计里有之，人家有"诺基亚"手机，我们就有仿造版"诺基亚"手机；在奢侈品设计中有之，国际上有"路易·威登"手袋，我们就有仿真版"路易·威登"手袋。由此，屡屡遭到起诉并受惩罚。造成投机取巧心态的根本，是功利性作祟，用急于求成的小人伎俩，替代高度智慧的非凡创作。

不思进取的惰性。有人认为：对产品改良也是一种更新的创作方法。但是，这种方法的成立，应该在原作的基础上更具进步和发展。如果只是对原创产品进行无更新的所谓改良，是不能当作此论的。例如，将国际名牌珠宝首饰中的挂件款式变成戒指的款式，能说是改良吗？把别人的造型翻个面，也能说成改良吗？往往有这种态度的人，总是简单地曲解改良的含意，以掩盖其不思进取的惰性。造成这种情况的原因是思维弱化，但又不敢正视，用混淆是非的手段，行使欺骗他人的行径。

盲从权势的认知。不少珠宝首饰设计师，在为企业或客商设计时，谁的权势大就盲目听从谁的建议，缺乏独立意识。诚然，作为一个企业的决策者，他（她）比设计师在全局的判断上，可能有相对的高度，在某种程度上也具有话语权，设计师理应尊重他们的建议，但这不能成为设计师放弃自己独立判断意识的理由。术业有专攻，对于创新所要表达和表述的角度，站在不同的位置，肯定会出现不一样的认识，而所有设计创新的过程是充满不确定性与探索性的，需要彼此沟通协商，即使出现意见相左也不奇怪。若一旦缺失包容开放，真知灼见往往会被掩埋，设计创新的完善度就会削弱。因此，作为设计师有责任保持自己的独立意志，不能盲从权势的所有意志。而形成这种情形的原因，既可能是权大与位轻不对称的缘故，也可能是缺乏担当的精神而胆小怕事。造就这些现象的本质，乃是对于设计创新本身所具有的科学性缺乏深刻的理解。

分析造成设计师不良创作思路的缘由，可以改进和建立健全良好的设计思维体系，从而塑造设计师应有的人格与品质。那么，怎样建立这种设计思维体系以及人格与品质呢？

第一，要有艰难探寻的信念。设计师作为创新的主体，所面临的课

设计名: 翠意春色尽

设计师: 陆莲莲

奖　项: 第十四届中国工艺美术
　　　　大师作品暨国际艺术精
　　　　品博览会金奖

题是不断挑战新的目标和进入新的境地，在他（她）的前面可能充满着许多未知的困难，为此，必须对困难的解决探寻有足够的信念，如若没有强大的信念支撑，往往就会知难而退、无所作为，或者选择上述那些手段。不少设计师在初入门时，都有强烈的兴趣从事这一职业，但缺乏艰难探寻的信念，遇到困难就迷茫无措。而有的一开始似乎较顺利，乃至还获得些小奖，可时间一长，困惑越来越多，成绩也不见增进。这种情况，多半是兴趣激励所造成的，因为"兴趣是最好的动力"，此番感性的认识帮助了他（她）拥有短时的效果。但作为一种职业，仅有感性认识是不可能长久的，这就像恋爱时可以较狂热，真正的婚姻却不能靠狂热，必须靠理性认识维持。

第二，要充分尊重规律和知识。设计师面对困惑时，必须在理性认识的前提下，尊重规律和知识。要成为一名合格的珠宝首饰设计师，必须学会发现和掌握设计的相关规律，循序渐进地按照规律去行事，逐步进入正确的方向。在一个长远的职业规划里，方向比努力更重要，方向偏差，失之毫厘，谬以千里。同样，对于珠宝首饰设计相关知识的学习，也必须高度重视，这些知识既包括核心的专业知识，还包括外延的其他知识，如市场营销、审美心理、逻辑判断、历史人文等。不少初入门的设计师，往往比较重视核心的专业知识，忽视外延的其他知识，这是很严重的知识结构不良症，造成的后果是非常不好的。

第三，要注重设计与人文结合。优良的作品和人有相似之处，如果作品缺乏优良的人文气质，不能契合人性的美好诉求，那就像上了年岁的人衰老了；如果作品具有高尚的人文气质，又能契合人性的美好共鸣，那就像上了年岁的人可以更优雅。但凡成功的珠宝首饰设计师都极其重视作品设计与人的关联，因为人是作品的欣赏者和使用者，离开人的关注，作品的生命力也将消失。因此，设计师要注重作品设计与人文的融合，不只是片面追求获取作品价格的高额。所有珠宝首饰都是为消费者服务的，不是为生产者的利益而服务，即使老板要获得利益，首先也要获得消费者的满意，只有厘清这种关系，才能对设计目标有清晰的认识。很可惜不少设计师不能有效地把握它们，一方面失去了作品的人

要成为一名合格的珠宝首饰设计师，必须学会发现和掌握设计的相关规律，循序渐进地按照规律去行事，逐步进入正确的方向。

对于珠宝首饰设计相关知识的学习，也必须高度重视，这些知识既包括核心的专业知识，还包括外延的其他知识，如市场营销、审美心理、逻辑判断、历史人文等。

但凡成功的珠宝首饰设计师都极其重视作品设计与人的关联，因为人是作品的欣赏者和使用者，离开人的关注，作品的生命力也将消失。因此，设计师要注重作品设计与人文的融合，不只是片面追求获取作品价格的高额。

珠宝首饰需要与人文结合

文意义，另一方面丢掉了设计师自身人格的品质，沦为不能创造真正价值的牺牲品。

在实践上述的设计思维和人格品质过程中，会付出一些代价，有的设计师在寻找过程中，结果不一定理想。确实，每个人的寻找结果不尽相同，有的出色，有的平凡。不过我们认为这个寻找过程还是很有价值的，虽然平凡的结果在所难免，可是没有这种寻找的过程，也绝对不会有出色的结果。人们往往会热衷于成功的结果,而不会关注成功的过程，更有人被这种成功的声望遮住了眼，不顾一切地去追寻它，却没有正确地关注其过程，结果一事无成，这样的案例还少吗？人不正，则无气象；无气象，则无学问。一旦在设计上无学问，怎么能搞好设计？做学问要与生活相关，学问都是缘于生活中的困惑，因此一定要对自己的生活体验非常重视。当你将珠宝首饰设计视为生命一般的重视，你定会不遗余力地去寻找它的过程，享受它的过程，如果在这个过程中，找到了目标，可能离成功已不远了。这种健康的人格品质始于修德，任何良好的思路都必须以良好的人品为基础，而人品的基础就是德，故须修德。

人不正，则无气象；无气象，则无学问。一旦在设计上无学问，怎么能搞好设计？做学问要与生活相关，学问都是缘于生活中的困惑，因此一定要对自己的生活体验非常重视。

方略十三
坚持设计师的作为

千锤万凿出深山
—— 建立不懈探索的精神

　　有一位年轻的珠宝首饰设计师与我们交流时感叹道：设计师能称职不容易，能成功更不容易，而要达到卓越更是极难，放眼国际珠宝首饰界，能进入卓越行列者更是凤毛麟角。面对这种情况，实在令人很迷茫！这位设计师所说的是实情，真正意义上的珠宝首饰设计在我国历史并不长，无论是文化历史积淀，还是理论实践积累，与珠宝首饰业发达国家间的差距不小，因此，造成这种状况当属情理之中。

　　可近30年来，我国珠宝首饰业的发展速度，在世界范围内是名列前茅的，有两个数据可以佐证：一是黄金、铂金的消费量排在前列（甚至多年位列首位）；二是钻石的消费量全球最高。同时，世界黄金协会、国际铂金协会、戴比尔斯钻石公司，都在我国建立推广机构，将中国市场作为发展重点区域。也因此，国际一线著名珠宝首饰纷纷进入我国市场，使我们的珠宝首饰市场已具有世界影响力。但也要看到，我国珠宝首饰不管是设计水平，还是加工水准，都与这种快速发展不匹配。

　　那么，作为中国的珠宝首饰设计师该如何作为？

　　培养艰苦卓绝的精神。中国珠宝首饰设计的历史短、底子薄，这是不容回避的事实。正因如此，要付出的努力和辛苦是非一般的，没有这般历练，不可能缩短与先进水平国家的距离。知耻而后勇，既已知晓落后之耻，唯有绝地一击才有希望。艰苦卓绝的探索精神是我国珠宝首饰设计师亟待要培养的，无论是珠宝文化、人文意识，还是工艺技术、设计方法，或是思维模式、判析理念，都需要不断丰富、吸纳、创建和习得。将这些内容构建得更扎实、更深入，为珠宝首饰业的进步发展提供有力的基础。

真正意义上的珠宝首饰设计在我国历史并不长，无论是文化历史积淀，还是理论实践积累，与珠宝首饰业发达国家间的差距不小。

艰苦卓绝的探索精神是我国珠宝首饰设计师亟待要培养的，无论是珠宝文化、人文意识，还是工艺技术、设计方法，或是思维模式、判析理念，都需要不断丰富、吸纳、创建和习得。将这些内容构建得更扎实、更深入，为珠宝首饰业的进步发展提供有力的基础。

国际获奖作品

西方运用中国元素作

我国现有作品

中国运用西方元素

只有发现差异，才能真正懂得进步的可贵

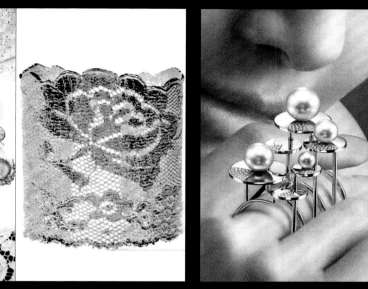

国外蕾丝首饰

国外珍珠首饰

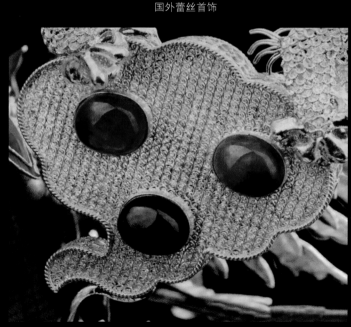

国内花丝首饰

国内珍珠首饰

萃取中国文化的精髓，锤炼中国思想的智慧，成就中国形式的结晶，都是我们探索的内容，也是我们走向世界舞台的充分力量。

不要照本宣科地搬用所谓名人、大师的成功范本，在相异的文化、教育、特质、体制下，复制成功的概率是很低的，唯有创建合适的实践行为，才能真正体现自己的特点和特色，从而有所作为。

培养远谋卓见的眼光。中国珠宝首饰设计的历史虽短，但未来将非常灿烂，就短短的 30 年，已经成为全世界具有影响力的珠宝首饰市场，将来岂不更显雄威。对此，要着眼长久、高瞻远瞩，为实现中国珠宝首饰对全球珠宝首饰业的影响与贡献谋划好蓝图。无论是中国珠宝首饰文化的特性，还是中国珠宝首饰发展的路径，都与他国呈现不同的样式，这些不同之处如何表达、健全、发展将会成为我们探索的目标。外国的珠宝首饰企业已经拿中国元素作为表达的内容，我们更应有信心实现中国文化的中国首饰表达，以促进对珠宝首饰设计多样性的贡献。萃取中国文化的精髓，锤炼中国思想的智慧，成就中国形式的结晶，都是我们探索的内容，也是我们走向世界舞台的充分力量。

培养精深卓然的意识。虽然许多设计师在设计实践中可能也在探索自己的表达方式，比如用不同材料、不同色彩、不同工艺设计珠宝首饰。但可以说，大部分设计师的探索深度是不够的，就珠宝首饰的材料而言，我们的设计师至多会在足金、K 金、白银、铂金间做探索。而在珠宝首饰业发达国家，就 K 金的材料种类就达数十种，每种 K 金的材料在物理和化学上都具有相对的差异，可在纹理、折光、变形、色泽等方面，造就丰富的效果。在色彩上，有冶炼合成、有电镀形成，晶莹璀璨、五光十色，从玫瑰色到黑色无所不有。或许我们的设计师会说，这些贵金属材料的内容不属于设计师设计的范畴，也难以由设计师来完成。殊不知，没有设计师的追求，谁能提出并探索？

创建合适的实践行为。精神的作用是提供始终不渝的实践动因，行为则是折射不懈追求的意愿关照。珠宝设计师的实践行为既是践行自己的理想，也是显现自己的作为，因此写就成长——成熟——成功的历程。在这里，我们不能给出统一的成功锦绣图，可能每个设计师的认知、感悟、禀赋不一，行进的方式、目的、速度也不同，但这并不影响实践本身的价值，创建合适的实践行为是设计师必须坚持的意愿，合适是最佳的行为价值趋向。不要照本宣科地搬用所谓名人、大师的成功范本，在相异的文化、教育、特质、体制下，复制成功的概率是很低的，唯有创建合适的实践行为，才能真正体现自己的特点和特色，从而有所作为。

树立健全的创作体系。作为一门设计学科，珠宝首饰创作设计具有自身的独特性、系统性和文化性。独特性是指它有别于其他学科，如建筑设计、家具设计、汽车设计等，它们因产品结构、使用要求、材料特性、工艺过程、表达目的的迥异，形成了自身的设计关注诉求，进而出现独立的设计类别。系统性是指其形态表达、产品制造、工艺实施的过程，具有自身运行、管理、适控的相关体系，自成一种产业系统。文化性是其地域、环境、资源、习俗的综合表现，形成使用方式、鉴赏标准、形态表达的思维模式特性，以此作为产品的最终表现形式。每个珠宝首饰设计师要依据自我条件，树立健全的创作体系，从而保障实践行为的有效实施。

构筑独立的创新目标。在健全的创作体系下，用合适的实践行为去实现创新的目标，这是每个珠宝首饰设计师必须行进的方向和路径。每个设计师的能力与目标会有所差异，因此，最终的结果将是不同的，我们没有理由要求设计师都设置所谓的最高创新目标，但有理由要求设计师都设置独立的创新目标。另一方面，创新本身就是去除雷同性，况且，设计师鲜明的个性就是以独立、独特为标志，独立的精神、自由的思想是创新的重要源泉。

实现卓越的作品价值。设计的结果就是作品，作为珠宝首饰设计师的追求，不仅要有作品，还要实现作品的价值，甚至是卓越的价值。成为作品并不难，如今，在商场里不缺作品，缺的是有卓越价值的作品。因此，实现卓越的作品价值才是设计师的追求，卓越意味着独特、出众、优异、惊艳，我们与国际先进珠宝业的差距也体现在这方面，而设计师的水准高下同样也体现在这方面。没有卓越的作品价值，不可能实现有质量的珠宝首饰设计。

在健全的创作体系下，用合适的实践行为去实现创新的目标，这是每个珠宝首饰设计师必须行进的方向和路径。

设计的结果就是作品，作为珠宝首饰设计师的追求，不仅要有作品，还要实现作品的价值，甚至是卓越的价值。

没有卓越的作品价值，不可能实现有质量的珠宝首饰设计。

反复实施　　学习技法

实践行为

经验积累　　创造特色

提升感悟

产品特性

形态表达的
特性

材料运用的
特性

创作体系

珠宝首饰
文化的
特性

工艺实施的
特性

用合适的实践行为，去实现创新的目标

风流不在谈锋胜

——增强文化修炼的自觉

珠宝首饰设计师的设计实践需要专业知识支撑，这是毋庸置疑的，那么，是否有了专业知识，就能设计出完美的作品呢？事实上，完美的作品总是较少的，仅有专业知识并不一定自然会得到完美的结果。那么，它们之间为什么如此？又怎么理解它们之间的关系？

对于珠宝首饰设计的认识，大家可能轻视了一个问题，这门学科很大一部分与人文相关，它不像理工学科主要是针对客观事物进行认识并研究，前者的斟酌对象——人，存在较大的可变性，而且这种可变性会随着不同的族群而增大，因此要达到完美并不容易。珠宝首饰设计的专业知识能解决作品的基本问题，但它不能解答作品与人之间的全部关系，特别是不同人群的感觉和体验差异，不能完全准确掌控，他们的背后存在文化、思维、经验的综合差异，即使想用客观的方法去判断，依然会遇到对象主观性的不匹配，那种人意难测的不确定时时存在，这就是它们之间的微妙关系。

人需要使用珠宝首饰来装缀，使产品与人呈现相关性。与此同时，对于珠宝首饰的完美性会因使用者的主观感受而不同，体验适合自身需求的，便成为可以接受的，接受度越高越接近完美，反之，就不能被接受，会被排斥，由此形成作品与人的不（匹配）相关。正是这种产品与人之间出现既相关又不能完全吻合的状况，让珠宝首饰设计的臻美度变得较为困难。

如何解决这种困难呢？不少设计师在创作过程中，多会采用专业技术的手段去实现所谓的完美作品，但大多数情况是令人失望，因为技术手段只能完成形式的内容，而精神的内容仅有技术是绝对不能满足的。

珠宝首饰设计的专业知识能解决作品的基本问题，但它不能解答作品与人之间的全部关系，特别是不同人群的感觉和体验差异，不能完全准确掌控，他们的背后存在文化、思维、经验的综合差异，即使想用客观的方法去判断，依然会遇到对象主观性的不匹配，那种人意难测的不确定时时存在，这就是它们之间的微妙关系。

首饰文化是天时、地利、人和的综合

珠宝首饰除了形式内容外，还包含情感、信仰、风俗、心理、艺术、美学等非技术性的文化内容。

文化塑造作品的灵魂，是人们认识和欣赏的道法，不掌握道法便无从识透人心的指向。因此，要成功解决珠宝首饰作品的真正完美性，只有增强设计师文化修炼的自觉意识。

纵观珠宝首饰的发展历程，不同时期的作品都有其历史的文化特征，或是表现人类的美学萌芽，或是展现人们的权贵意识，或是流露人心的崇尚，或是彰显人意的刻画。这些文化特性始终是指引珠宝首饰进步的关键动因，它一方面使作品不断符合时代的需求，另一方面不断促进作品的技术发展，从而满足人们逐渐走向高层次的理想追求。在社会、文化进步越是发达的时期，珠宝首饰越盛行，设计也越强，人们满意感也越多。

作为珠宝首饰设计师，首先需要了解文化对设计的统领作用。在设计作品时，无论是主题的阐述，还是材料的运用、形态的塑造，文化特征将比技术特征更显重要，一旦缺失文化特征，作品的感染力和生命力就会弱化。因为人们在使用首饰时，一定是先于工艺技术而考虑作品意境的承接性，就如吃饭先是考虑合胃口的菜式而非菜肴的烹饪方法，尤其处于无法判断技术精良的程度时，任何将技术置先的方式对作品表达都是无稽之谈。在珠宝首饰设计实践中，不能用技术替代文化的表达，这不是简单的程序问题，而是设计的道法问题。

在珠宝首饰设计实践中，作品文化价值比专业技术价值更为深刻。卡地亚的珠宝首饰设计师曾说："他们给予人们的不只是一件首饰，更是真诚、热情和永恒的化身。"不管是真诚，还是热情，抑或永恒，都是人文的力量，文化的感动造就的，就像蒂芙尼的著名设计师法兰克·盖瑞所说："珠宝首饰是一种艺术形式，它能真正激发人心内在的共鸣。"

在珠宝首饰的表达中，文化支撑意义同样举足轻重。我们都知道珠宝首饰既不属生理的温饱范畴，也非日常的生活器具，对人类的基本生存没有影响。但随着生存愿望的提高，活动空间的扩展，交流沟通的增进，特别是物质日益丰盈之时，精神需求不断强烈之际，情感的表达、

珠宝首饰除了形式内容外，还包含情感、信仰、风俗、心理、艺术、美学等非技术性的文化内容。

文化塑造作品的灵魂，是人们认识和欣赏的道法，不掌握道法便无从识透人心的指向。因此，要成功解决珠宝首饰作品的真正完美性，只有增强设计师文化修炼的自觉意识。

文化特性始终是指引珠宝首饰进步的关键动因，它一方面使作品不断符合时代的需求，另一方面不断促进作品的技术发展，从而满足人们逐渐走向高层次的理想追求。

任何的设计都是采用文化的精神塑造表达的形式

思绪的展露、性格的呈现、阶层的显现等，催生了人类超越物质的精神追求，即对文化的殷切，以满足在基本生存之外的精神享乐。珠宝首饰便是这种精神享乐的形式之一，它可以体现人们的信仰、风情、个性、心理等，尤其满足了美好、珍贵、积极、形象的思维特征。试想，如果没有这些文化内涵的支撑，佩戴珠宝首饰有何意义？

有鉴于此，珠宝首饰设计师在创作设计实践中，对于文化的认识和学习需要加强和深入。如果说珠宝首饰设计的专业知识只是文化表达的手段或工具，从其完善性来讲，理应包括文化的相关部分，可惜的是，随着各类学科的细化，这种完善性的要求被肢解，从而使设计专业知识成了狭隘的"术"，缺乏"道"的宽度，影响了设计师的整体修养。不少设计师无论是人文历史，还是艺术修养都显不足，总是把专业技术当成文化艺术，把形而上的思想表达变成了简单的物质形态，不但使作品缺失完美度，更使作品缺乏神采，让创作设计成了空洞的材料堆积的行为。

中国的文化要义中有"厚德载物"之说，这个"德"是文化的综合，既包含设计师的人品道德、思想境界，也包含设计师的职业修养、文化情操，深厚的"德"行是权衡设计师高下的标尺。从历史的高度来看，任何设计都是文化的综合角力，只是强弱不同而已，所有影响力巨大的事件背后都有文化的力量，同样，任何有影响力的作品背后都是文化实力的表现。

珠宝首饰便是这种精神享乐的形式之一，它可以体现人们的信仰、风情、个性、心理等，尤其满足了美好、珍贵、积极、形象的思维特征。

如果说珠宝首饰设计的专业知识只是文化表达的手段或工具，从其完善性来讲，理应包括文化的相关部分。

物化创意，点石成金。画下每一条弧线，确保它的优美，都
要经过长时间的斟酌。珠宝首饰设计，它将一生永随我。
——蒂芙尼珠宝首饰设计师艾尔莎·柏瑞蒂

艾尔莎·柏瑞蒂作品

方略十四
展露设计师的追求

衣带渐宽终不悔
—— 职业变成人生的演绎

在社会活动中，每个人都会以某种身份而存在，这种身份可能是以从事某些劳动或活动为特征的职业，并且伴随人生的较长时间。从整个社会分工来看，每个人从事的职业都是社会活动的一部分，通过它参与社会活动的不同进程，从而既体现自身的社会价值，也推进社会活动的变化，演绎出不同的人生。珠宝首饰设计师作为一种职业，已经成为当今社会活动的组成之一，对此，应该如何认识和理解这个职业的内涵与价值呢？

笔者认识一位从事了 30 多年珠宝首饰设计工作的设计师，在他将要退休之际，有过一次交流。我们曾问道："在你这么长的设计工作生涯中，给你留下印象最深刻的是什么？"他说："苦乐各半！苦的是，珠宝首饰设计永远没有最好的作品可以让自己满足，因为始终有新的目标需要你去探索、攀登，似乎没有尽头，所以很苦恼。乐的是，每一件自己设计的作品诞生，都会有莫名的激动，或新颖，或别样，或受市场欢迎，或被客户认可，因此很快乐。同时，快乐不久，又会沮丧，某些产品出现了不良反响，又让你苦闷，接着下工夫修改设计，成为人们合适的作品。这种周而复始的状况，岂不是苦乐各半？"

这位珠宝首饰设计老前辈的感悟，典型地道出了这一职业的特性。他的苦是因为受到职业的约束，不得不服从；同时为了尊重职业的要求，必须敬业，加重了苦味的浓度。而他的乐，是在内心完成了自己的构想，并得到了他人的共鸣，彼此琴瑟和谐，其乐融融。这种苦乐的感受，对不同职业或不同人士而言会有不同表现。例如，曾经笔者有位学生，她从欧洲一所著名的设计学院毕业后到公司就业，起初也怀揣成

从整个社会分工来看，每个人从事的职业都是社会活动的一部分，通过它参与社会活动的不同进程，从而既体现自身的社会价值，也推进社会活动的变化，演绎出不同的人生。

苦的是，珠宝首饰设计永远没有最好的作品可以让自己满足，因为始终有新的目标需要你去探索、攀登，似乎没有尽头，所以很苦恼。乐的是，每一件自己设计的作品诞生，都会有莫名的激动，或新颖，或别样，或受市场欢迎，或被客户认可，因此很快乐。

维多利亚·德卡斯兰特作品

年龄和经历无法改变，每个人的灵魂深处都活在童话里。

——迪奥的珠宝首饰设计师维多利亚·德卡斯兰特

为一个出色的珠宝首饰设计师的理想，但在工作中却被各种要求束缚。要有奖项、要有职称、要有佳作，可是又只能在有限的表现空间里去争取，没有五年八载，是很难达到这些要求的，思来想去还是辞职走人。

由此可见，职业的一些特性、要求、表现是会扭曲人们的美好追求的，而且职业往往追求结果，无视过程，使人功利性陡增，人性的许多积极意义被压抑。可能有觉悟的职场人士意识到这种局限，会进行自我调整，以平衡职业要求与人生追求。作为从事珠宝首饰设计几十年的笔者，尤感这一问题对于设计师的意义重大，不能认清且处理好，将会成为其成长的阻碍。那么，如何认清并处理好职业要求与人生追求之间的关系呢？只有自觉地将职业要求变为人生追求的一部分，才是认清这种关系的有效所在。

人生的历程要大于职业历程，职业只是完成人生追求的部分价值而不是全部价值。因此，不能将全部的追求归于职业。人生追求的宽度和高度应该远远胜过职业要求，它能满足信仰、情感、道德、生命的追求，特别是人性、人格、意志、智慧的完善，对此，职业要求是不能及的，即使某些职业是研究它们的，但也不能真正完成它们的全部内容。人生是一部百科全书，任何职业只是其中的一章，希望珠宝首饰设计师能懂得它们之间的关系。

只有运用解决人生问题的智慧才可以成功解决职业的困境。人生是一部百科全书，它可以包罗人们诸多的问题、遭遇和困境，在这些问题的解决中蕴藏了丰富的智慧光芒，其中也包括职业要求的问题及解决的方法。但凡成功的设计师都经历过职业的困境，著名的建筑设计师贝聿铭在成名之前，曾因不能达到自己的理想而多次变动求职方向。在回顾这些经历后，他说："那是因为我了解自己以及自己的思想和能力范围。用自己独特的方式，诠释建筑，注释人生。"贝聿铭是在人生的高度上找到了自己的立足点，不但成功地化解了职业困境，还成就了自己的职业辉煌。人生是一条"道"，职业是一项"术"，"道"的正确，可以引导"术"的不误。其实，大部分优秀的创作者都是在通彻人生的感悟之际，也迎来了成功之时。日本著名作家村上春树写道："终点线只是一个记号而已，其实并没有什么意义，关键是这一路你是如何跑的。"

人生的历程要大于职业历程，职业只是完成人生追求的部分价值而不是全部价值。因此，不能将全部的追求归于职业。人生追求的宽度和高度应该远远胜过职业要求，它能满足信仰、情感、道德、生命的追求，特别是人性、人格、意志、智慧的完善，对此，职业要求是不能及的，即使某些职业是研究它们的，但也不能真正完成它们的全部内容。

人生是一部百科全书，它可以包罗人们诸多的问题、遭遇和困境，在这些问题的解决中蕴藏了丰富的智慧光芒，其中也包括职业要求的问题及解决的方法。

香奈儿作品

请不要说我工作太努力了，没有人应该做自己不喜欢的工作，任何人如果不喜欢自己正在做的工作，那应该赶快换一个，我们每个人都应该坚强点，而不是一味地在那边谈论自己吃多少苦，有多累。

——香奈尔和芬迪的首饰设计师卡尔·拉格菲尔德

因为有这种人生的理解，他不会为能否获得诺贝尔奖而苦闷，依然佳作连连。我们不少设计师为了获奖，为了称号，不顾一切地奋争，想要的太多，难免力所不及，于是变得浮躁、焦虑。上述提及的老设计师和年轻设计师多少都被这种焦虑困扰过，因此，我们认为只有用人生的智慧去化解，就像贝聿铭、村上春树那样不计功利，从容应对，以人生的大目标、大智慧去寻找自己的方向，才能找到正确前进的道路。

　　用人生的得失思考职业的得失，将得失作为一种体验。身在职场，总有不如意的时候，经常会失去自己希望得到的东西，如在珠宝首饰设计实践中，时有不被认可的作品，间有佳作与奖项失之交臂，抑或职称未被评上、头衔不够光鲜等。对此，若能换位思考，将其作为自我勉励的动力，岂不生出新的空间，让自己有进一步前进的自由天地，没有人妒忌，没有人掣肘，心无旁骛，可以专心优哉徜徉，进而向着既定的方向前进。得与失本为事物相连的两端，可以相互转换，如果不能理解，就失去了转换的可能，也会失去机会，将永远没有得到的可能。一代学者梁漱溟曾说："人生不在于物质的享受而在于精神的追求，苦乐不在于外界而在于内心"，"情贵淡，气贵和，唯淡唯和，乃得其养，苟得其养，无物不长"，"好恶相喻，痛痒相关"。对一切祸福、荣辱、得失完全接受，不疑讶，不骇异，不怨不尤，是可以"无欲则刚"的。成大器者，不会拘泥一时一事之得失，世间的成功者，都是既失又得，既苦又乐，在失的过程中，不断完善、坚定意志，进而从容不迫，勇于追求，达到巅峰；在苦的过程中，懂得品味、体悟境界，由此大气宽宏，淡泊名利，收获快乐。相信有此番人生理念，在职业生涯里会无难而不克，无往而不达，无战而不胜。

　　融职业于人生之中，将职业的过程变为人生的演绎。作为人生的过程之一——职业，其作用如本文开篇所说，既是社会活动的一部分，也是人生演绎的一部分。既然如此，那么就要将其展开并探究，通过职业生涯来进行人生的探索，并真正演绎好。事实上，职业生涯中的苦乐、祸福、得失、智慧、境界等都是人生演绎的重要内容，可以在认识、探究中找到人生的着落点，以此来体验、领悟、开蒙人生的价值、意义、作用。从介绍的年轻设计师起初对珠宝首饰设计职业的理解，到老设计

一代学者梁漱溟曾说："人生不在于物质的享受而在于精神的追求，苦乐不在于外界而在于内心"，"情贵淡，气贵和，唯淡唯和，乃得其养，苟得其养，无物不长"，"好恶相喻，痛痒相关"。对一切祸福、荣辱、得失完全接受，不疑讶，不骇异，不怨不尤，是可以"无欲则刚"的。成大器者，不会拘泥一时一事之得失，世间的成功者，都是既失又得，既苦又乐，在失的过程中，不断完善、坚定意志，进而从容不迫，勇于追求，达到巅峰；在苦的过程中，懂得品味、体悟境界，由此大气宽宏，淡泊名利，收获快乐。

梵克雅宝作品

在珠宝的世界里，它代表的绝不是一般意义上的珠光宝气，它集万千宠爱于一身，赢尽天下人的欢心。除了珠宝首饰设计，似乎就没有别的可能了。

——梵克雅宝的珠宝首饰设计师 Delphine Crampes

师结束珠宝首饰设计职业的感悟，充分展示了这种演绎的过程，他们从不自觉的演绎到自觉演绎，都是人生的部分写照。我们无法预料这位年轻设计师最后的结局，但已经看到了那位老设计师的作为，相信这一段职业的历程已经成为他的人生演绎。

那么，在职业生涯中，如何演绎好这段人生呢？应该在苦乐中做到不惊。多数人从事一种职业时，总是盼望一帆风顺，事业有成；可世间又有多少人是如此，前有那么多成就者在不断追求辉煌，你能一蹴而就，轻易成功？即便你小有成就，后来者不断赶超，岂能无风无浪，顺利抵达。因此，要学会苦乐作伴，荣辱不惊，在得失中懂得收放。职业的进步总是在利益失去和获得中反复，不能释放这种失利，怎能最后成为大家？即使拥有令人艳羡的成就，也应淡然处之，不骄横、不狂躁，为自己留下未来的进步空间，用较高的境界体验过程。既然没有永远的成功，失利在所难免，何不把成败、得失、苦乐、祸福当作一种经历，去领略它、享受它、拥有它，让自己的人生变得丰富、实际、多彩，从而传奇般地演绎出人生的价值呢？人生的深度、高度、宽度不都是这样造就的吗？无怨无悔的人生，是值得每一位珠宝首饰设计师去追求的境界，相信拥有了这样的境界，设计生涯将会变得意趣无限。

要学会苦乐作伴，荣辱不惊，在得失中懂得收放。职业的进步总是在利益失去和获得中反复，不能释放这种失利，怎能最后成为大家？即使拥有令人艳羡的成就，也应淡然处之，不骄横、不狂躁，为自己留下未来的进步空间，用较高的境界体验过程。

无怨无悔的人生，是值得每一位珠宝首饰设计师去追求的境界，相信拥有了这样的境界，设计生涯将会变得意趣无限。

任是深山更深处
——追求未知世界的认识

珠宝首饰设计实践的目标，可能除了完美，更重要的是创新，而创新的根本是不断追求对未知世界的认识。因为是"新"，所以是未曾出现过，就需要不断深入地去发掘，以进入事物及认识的深层领域和范围，呈现或创造出具有崭新意味，前所未有的理念与作品。创新既是人类智慧的展现，也是社会进步的必然，随着时代的发展，这种认识的价值与日俱增，因而如何追求和满足已成为组织、企业、设计者思索的重要议题。

第一，要理解什么是珠宝首饰设计实践的未知。纵观珠宝首饰的历史发展，无论是材料、工艺，还是形态、意趣，都是在求新路途上不断取得进展。例如，先是采用普通的石材，之后采用比较稀少的玉石、彩石，进而采用黄金、白银，后来又采用铂金、合金等。当处于黄金时代，铂金是一种未知的材料；处于彩石时代，钻石是未知的材料。同样，贵金属材料的精炼方法，于只能粗炼熔化时期是未知的技艺；人文时代的想象思维，于原始时代判断思维是未知的思维方式。珠宝首饰设计实践的未知是一种客观存在的现象，身处当今时代，未来的一切都是未知的。与此同时，人类的进步却在不断探索未知的领域中实现，因此，对于未知的理解，我们应该抱有科学的精神，不因未知而无所作为，要把探寻未知作为创新、创造的动力，不断提高认识世界的能力，以此推动、改变对未知领域认识的深度。

第二，要坚定对未知认识的决心。既然珠宝首饰设计师是以创作、创新为己任，那么探索未知的概念、事物、思维是必须的行为，没有这种探索便没有新的发现、新的进展。知晓这种行为性质的人可能并不

珠宝首饰设计实践的目标，可能除了完美，更重要的是创新，而创新的根本是不断追求对未知世界的认识。

纵观珠宝首饰的历史发展，无论是材料、工艺，还是形态、意趣，都是在求新路途上不断取得进展。

对于未知的理解，我们应该抱有科学的精神，不因未知而无所作为，要把探寻未知作为创新、创造的动力，不断提高认识世界的能力，以此推动、改变对未知领域认识的深度。

古典的珠宝首饰设计

20 世纪初珠宝首饰的设计

20 世纪 40 年代的珠宝设计

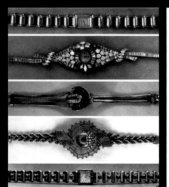
20 世纪 50 年代的珠宝钟表设计

20 世纪末珠宝钟表设计

20 世纪末珠宝首饰设计

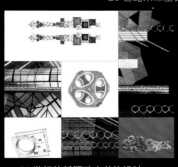
21 世纪的新颖珠宝首饰设计

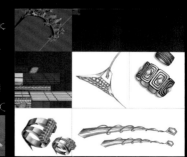
21 世纪的时尚珠宝首饰设计

所谓的未知都是时间的不同

少，但有坚定决心的人并不多见，能自觉地建立探索未知认识的人则更少。这是因为建立这种决心，将意味着艰苦的过程和极大的挑战，在探索的路途中会面临失败、寂寞的沉重压力。在现实中，经常看到一些珠宝首饰设计师以模仿、抄袭、复制来替代创作和创新，无疑充分说明这种艰苦与挑战是很难战胜的。如果不能意识到这是种懦弱的行为，那么，不但自身的职业受到质疑，对于这个行业，乃至国家都将受到影响，不创新的民族是没有希望的民族。因此，坚定对未知认识探索的决心，是考量设计师职业情操、发展进步、未来希望的重要标尺。

第三，要厘清对未知认识的方向。谁都知道未知认识的道路是无止境的，且既广又深，而在相对空间里，人的认识始终是有限的，这就需要我们科学把握未知认识的方向。这个方向包括合适的范围、准确的角度、周密的安排和踏实的步伐。在实施这些行为时，必须厘清未知认识探索的内容，具体分析内容的各种要素，审慎排列内容的各项关系，详细制定探索内容的行进路线，在此前提下，探索未知认识。有些设计师一谈创新，就会把目标、方向制定得非常宽广，以显示其雄心壮志，殊不知科学的方法远比盲目的自大更有价值，也更为真实。没有正确的认识方向，往往会一无所成，历史的经验也告诫我们，失败总是出现在没有清醒的判断和有效的控制中。

第四，要积淀扎实的认识能量。任何未知认识都需要建立在已有认识的基础上，它是一种不断积累、扩充、完善的过程，从来没有一蹴而就的认识存在。因此，在未知认识的过程中，必须积淀和拥有已有认识的能量。这个能量包括完善的知识、成熟的智慧、清晰的思路和有效的对策，从而在探索未知认识的路途中，不因知识的缺乏、智慧的低下、思路的混淆、对策的无序而出现障碍。以创新为特点的探索未知认识需要较强的能量，而且只有这种能量在壮大与发展的时候，才可以真正实现对未知认识的可能。无坚不攻石，无锋不砍柴。

那么，在珠宝首饰设计实践中，运用怎样的方法来完成对未知认识的任务呢？在这里，只能提供一些重要的建议，帮助大家做好珠宝首饰设计未知认识的探索实践。

大胆假设，小心求证。所有的技术发明、作品创意，都需要设立一

坚定对未知认识探索的决心，是考量设计师职业情操、发展进步、未来希望的重要标尺。

以创新为特点的探索未知认识需要较强的能量，而且只有这种能量在壮大与发展的时候，才可以真正实现对未知认识的可能。

大胆假设

小心求证

敢于假设

积极表达

大胆假设　小心求证

活跃想象

提出方案

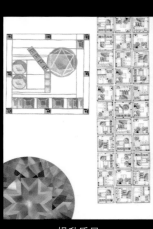
提升质量

凝固主见

活跃想象　凝固主见

以钻石置于不同组合进行尝试

积极尝试

以底纹作为表达对象进行比较

慢慢比较

积极尝试　慢慢比较

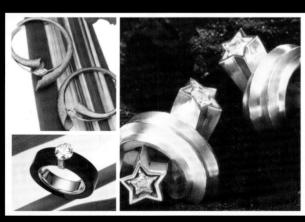

放宽视野

孜孜以求

高瞻远瞩　低头静思

所有的技术发明、作品创意，都需要设立一定的目标和方向，使这些目标和方向通过探索而有所发现和成功。这种探索最有效的方法是大胆假设。

小心是对未知认识的科学理解，更是对未知认识的尊重。通过小心求证的结论，对探索未知认识变为正确事实具有极其重要的意义。

在大胆假设的前提下，活跃的想象就将各种有可能转变为正确事实的对象作为探索的重要环节，通过想象让探索未知的认识全面地体现出来，以便为求证提供判断内容，找到正确事实。

定的目标和方向，使这些目标和方向通过探索而有所发现和成功。这种探索最有效的方法是大胆假设，因为发明和创意在没有成为正确的事实之前，都是一种预设判断，制定的目标也属于假设。有了假设才能使探索成为可能，没有假设便没有了实践的目标和方向。在假设时要大胆，这种大胆是指对范围界定要宽泛，不遗漏可能涉及的边际；对目标确认要深入，不缺乏可能涵盖的层际。大胆假设目标及方向后，就需要小心求证。因为是假设，要将假设变为正确的事实，唯有通过论证，才能求出结论。每一项假设最终都有可能出现两种情况，即可行或不可行，小心求证就是为了得到其中的一项。有人认为，求证只是为了可行。但是，未知的认识不可能都是可行的，不能因为存在不可行而不去探索，所有不可行的结论都需要认证才能确定，况且，不可行的结论本身也是求证的意义之一。小心就是不遗漏一切可能存在的可行性，同时，也不臆想可能存在的不可行性。小心是对未知认识的科学理解，更是对未知认识的尊重。通过小心求证的结论，对探索未知认识变为正确事实具有极其重要的意义。

活跃想象，凝固主见。对于技术发明、产品创新之类的探索过程，想象是非常必要的实践行为，没有想象就不可能完成未知认识的任务。在大胆假设的前提下，活跃的想象就将各种有可能转变为正确事实的对象作为探索的重要环节，通过想象让探索未知的认识全面地体现出来，以便为求证提供判断内容，找到正确事实。例如，创作设计时，运用想象对假设的目标提出各种设想、方案、图形，同时尽量发挥活跃、积极、足量的思维能动性，为最终寻找合理而正确的事实，提供有力的判断证据。在想象过程中要有较清晰、较集中的主见，因为众多的想象容易造成混乱的思绪，主见能针对这种混乱提供辨别、筛选、界定，不至于让混乱的思绪干扰想象的有效性。许多时候我们会产生多种想象，如果对每一种想象都付出昂贵的认证代价，那么时效性将会受影响。例如，通过想象产生了5个设想或方案，如果要把它们全部变为事实，求证将会耗费较大的工夫。此时，应该在这5个设想或方案中进行辨析、筛选、提升，凝炼出1~2个，这个过程就是主见的体现。想象是对假设而言，主见是对求证而言。

　　积极尝试，慢慢比较。对所有未知认识的探索都是一种尝试，就像要知道梨子的味道，必须去品尝梨子。尝试是对发明、创新实践的回应，没有这种活动，所有的假设将无法变成事实。尝试的作用将在实践活动展开的同时开始呈现事实的端倪，不管这种事实最终能否得出正确的结论，有了它可以看到真实的判断内容，也为证明时提供翔实的依据，否则，假设就成了空洞的理想。同时，在尝试的过程中，要进行不断的比较。许多时候尝试可以是较宽泛的，方案也是多种的，如果没有比较，既不能达到优化，也不能得到提升，效能会受影响。通过慢慢比较，对尝试的内容去粗取精、去伪存真，使未知认识的探索过程变为求得正确事实的实践。

　　高瞻远瞩，低头静思。在未知认识探索过程中，要站得高，看得远，不要一叶障目，不见泰山。站得高能将视野放得宽，见得多；看得远能使目标有前瞻性，让探索的空间更广阔，使探索层级更先进、新颖、独特。在未知认识探索过程中，低头静思是对观察以后的内容深入分析与探究，宁静可以致远，独思可以深察。假设时的高瞻远瞩，求证时的低头静思，能保证探索未知认识的质量与效果。

　　尝试是对发明、创新实践的回应，没有这种活动，所有的假设将无法变成事实。

　　比较是对尝试的内容去粗取精、去伪存真，使未知认识的探索过程变为求得正确事实的实践。

　　在未知认识探索过程中，要站得高，看得远，不要一叶障目，不见泰山。

　　假设时的高瞻远瞩，求证时的低头静思，能保证探索未知认识的质量与效果。

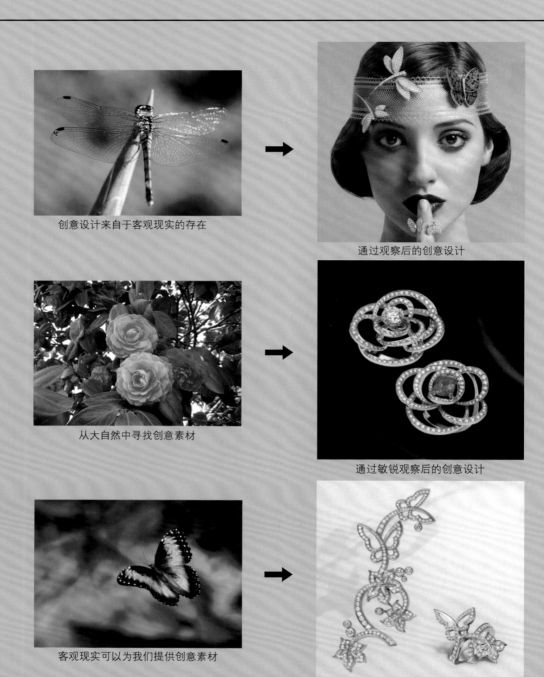

创意设计来自于客观现实的存在

通过观察后的创意设计

从大自然中寻找创意素材

通过敏锐观察后的创意设计

客观现实可以为我们提供创意素材

经过深入观察客观现实后的创意设计

从观察中发现创意素材

方略十五
提升设计师的创见

梦里寻他千百回
—— 激发创意活动的能力

　　珠宝首饰设计师的创意活动能力会影响其最终的实践质量和作品水准。因此，如何激发乃至提高这种能力，无论从设计的现实意义，还是发展的深远意义，都足以产生无与伦比的作用和价值。就各国珠宝首饰业而论，影响市场的要素，首先是创意的水平，品牌是伴随着创意的绝妙而响亮，价值是依赖创意的出色而超群。所谓的设计大师，都拥有强劲的创意活动能力，使其作品卓越非凡。要提升珠宝首饰设计师的成就，就要激发创意活动的能力。

　　如何激发或提升设计师的创意活动能力呢？在此展开一些讨论，为大家在设计实践中提高创意能力给予一些启发。

　　在激发创意活动能力的过程中，设计师首先要了解和认识创意活动的来源。从认识论的角度而言，人的所有意识和思维内容都是来自客观现实，世上没有无现实的意识，也不存在无内容的思维。这就明确告诉我们：创意活动的来源是现实世界存在的一切，也就是我们生活中存在的事物和现象。

　　在正确理解这一原理的前提下，又如何来实现真正认识客观事物和现象呢？存在的一切，是否自然会提供设计师创意活动的能力？不会！客观存在的事物和现象不会自然转化为创意活动能力，因为那些事物和现象只是一种意识和思维的原始素材，并不是设计师自己的东西，是需要进行观察、提炼、加工，然后经创作、设计、再造等的思维活动，才能完成创意的整个活动。

　　创意活动的第一步是观察。观察时要具有深入敏锐的目光与方向，而不是常人的随意看看。有些设计师整天拿着珠宝首饰资料、书籍，这

珠宝首饰设计师的创意活动能力会影响其最终的实践质量和作品水准。因此，如何激发乃至提高这种能力，无论从设计的现实意义，还是发展的深远意义，都足以产生无与伦比的作用和价值。

创意活动的来源是现实世界存在的一切，也就是我们生活中存在的事物和现象。

构成的艺术

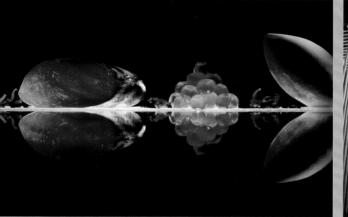

摄影的艺术

建筑的艺术

剪纸的艺术

装饰的艺术

民间的艺术

从各种艺术中借鉴创意灵感

种行为是否属于重要的观察呢？可能对于刚入行的设计师来说，这种行为是必要的观察活动之一，但就观察的广度和深度而言，是不够充分的。将已经成为某种形式的作品作为观察对象，可以在短时间里发现一些有价值的信息内容，对于创意活动具有参考和启发意义。但若将这种观察变为唯一的行为，那么至少存在两种缺陷。第一，你会被别人的观察认识所牵制。任何现有的作品都是作者观察认识后的产物，你不可能了解它的创意思维过程，只能观察到其结果，一旦被视为观察对象，那你的观察过程将无法实现。第二，你会依赖别人的创意结果，而不注重运用自己的思维去创作产品。由此，使创意活动能力退化，甚至误入抄袭、剽窃的境地。对此，希望大家合理而正确地运用观察方法。

真正深入敏锐地观察活动，除了查阅资料、书籍外，应该较广泛、较深层地去体察客观存在的事物和现象。特别要广泛地去观察与创意活动相关的事物与现象，如各种艺术现象，雕塑、广告、舞美；或各类民间艺术现象，剪纸、木偶、陶艺；抑或其他艺术表现，建筑、影视、服饰、摄影等。可以参观博物馆、艺术展、经典作品，通过亲自体验、使用触摸、了解原理、仔细分析等形成较为深入的观察和认识。从中发现、掌握各种艺术的不同特点，在此基础上提炼出可以用于珠宝首饰创意的方法，并且通过积极思维，产生有价值的创意内容。同时，需要观察人与这些艺术现象、方法的相互关联，厘清由此产生的心理活动、情绪反应和适应程度，为珠宝首饰设计实践提供较为优异的人文关怀。这样的观察才能有效地激发设计师的创意活动能力。

经过有效的观察活动后，创意活动的第二步是整理。整理是为了让内容具有艺术性，从而符合珠宝首饰的表达特点。不同艺术种类的内容不尽相同，它们彼此的艺术规律、艺术特性、艺术观感是有差异的，如果机械地移用其他艺术作品作为珠宝首饰的创意实践范本，既无法体现珠宝首饰的艺术魅力，也并不适合珠宝首饰的运用，甚至会出现南辕北辙的现象。虽然作为人类的智慧结晶，艺术创作有许多共性要素，如能造就人的心理美誉度，能改善人的使用舒适感，能提升人的精神崇高性。但就每一种艺术种类的本身而言，它们之间一定存在不同意义和各自规律。在珠宝首饰创意设计中，可以借鉴其他的艺术成分，但不能由此弱

中国民间结绳艺术方法

用结绳艺术创意设计的手镯

用结绳艺术创意设计的戒指

用结绳艺术创意设计的挂件

各种色彩的艺术装置

用色彩艺术创意设计的首饰

几何结构的表现艺术

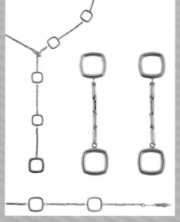

用几何结构创意设计的首饰

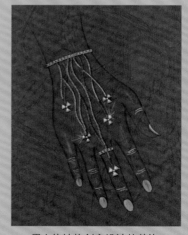

用人体结构创意设计的首饰

从整理中发现创意价值

化其自身的艺术特性，否则，此类首饰作品将会被其他艺术作品替代或削弱。因此，对于观察内容的整理将是珠宝首饰创意活动的重要步骤。在整理时，要做到去粗取精，所谓的"精"是把其他艺术的精髓提析出来，将它们变为丰富而完善的珠宝首饰创意表现内容，而非简单的形态或仅是材料上的移用，缺乏珠宝首饰神韵的融贯。

　　在这里特别要谈一谈，对待传统经典珠宝首饰的正确态度。不少珠宝首饰设计师无论在学习阶段，还是在从事设计工作阶段，都会接触传统经典珠宝首饰作品，有时作为学习内容，有时作为参照分析对象。就研究和发展一项产业而言，传统经典的内容始终是不可或缺的典范；但从创意要求及角度而言，传统经典的地位此时应该移步，否则创新的发展和进步无法实施，甚至会阻碍创意活动的展开。这种情况正如一位哲学家所言：人们为了达到自由，却往往被固有的秩序困住，而无法实现真正的自由，也使秩序本身无法实现。如果经典成了创新、创意的秩序羁绊，那么进步的脚步会无法迈开。因此，一味强调经典，甚至用经典替代创新、创意是不可取的。有时发现一些设计师总在模仿传统经典作品，或为设计范本，甚至作为评奖作品，长此以往创意活动的能力会大受影响，这是需要引起高度重视的。

　　经过观察内容的整理后，创意活动的第三步是寻找触发点。作为创意活动极其重要的关键步骤，怎样寻找触发点既关乎创意的最终成功，也关乎创意的最终质量。我们先从创（新）意的一些方法谈起。根据一些专家的总结，创新可以有三种类型：一是原始创新，二是组合创新，三是改进创新。原始创新是具有开创性、元发性的创意活动，它多呈现一种前所未有的创意行为和结果。组合创新也称综合创新，是具有多元性、跨领域的创意活动，多为融合几类样式与对象的创意行为，成为一个新兴的创意结果。改进创新是具有更替性、改良性的创意活动，多为对原有产品进行提升和优化的创意行为，成为一个更新的创意结果。

　　认识这些创意的方法，对于寻找触发点很有帮助。例如，对于组合创新来说，其他领域的精髓可以成为珠宝首饰创意的触发点，历史上有珠宝与钟表的组合创新，当今有珠宝与手机的组合创新。相信今后社会的发展会为我们提供更多的创意空间。又如，对于改进创新，珠宝首饰

在珠宝首饰创意设计中，可以借鉴其他的艺术成分，但不能由此弱化其自身的艺术特性，否则，此类首饰作品将会被其他艺术作品替代或削弱。

就研究和发展一项产业而言，传统经典的内容始终是不可或缺的典范；但从创意要求及角度而言，传统经典的地位此时应该移步，否则创新的发展和进步无法实施，甚至会阻碍创意活动的展开。

作为创意活动极其重要的关键步骤，怎样寻找触发点既关乎创意的最终成功，也关乎创意的最终质量。

用未曾出现过的方法创意设计的首饰　　　用不同类型的内容组合创意设计的产品　　　用改进、提升的方法创意设计的首饰

从不同类型中产生创意方法

的进步与创造在近几十年中不断发展，从微镶珠宝、激光焊接，到电铸成型、表面切削，以及彩色贵金属、合成珠宝等，每一项技艺、材料的改进，都可以成为创意的触发点。从理论上讲，原始创新是比较积极、前瞻性的创意和创造活动，它的难度胜于其他两项，但意义与价值也高于其他两项。寻找它的触发点，需要站在较高的判析点上，拥有较高的综合思维判断力才可达到。一是要有大胆的探索精神，敢为人先的勇气，挑战自我的信心，建立创新的决心。二是要有独特的观察方法，观别人不注意的角度，察别人不关心的方向，从中发现全新的内容。三是要有精辟的分析判断，从众多的信息内容中整合有价值的资讯，并对这些资讯进行精细地分辨，判断出最有潜在意义的内容。四是要积极地开展思维活动，用各种思维方式对创意内容进行排列、组合、推理，通过了解最新的科技发展趋势、人类活动展望、社会进步需求，推断出前瞻性的创意触发点。

　　珠宝首饰设计师的活力是通过其创意活动能力来体现的，而创意活动的过程既需要掌握一定的规律，又需要不断积累，并始终保持积极的思维活力，而最根本的是对创意的决心。摆脱了各种桎梏，你的创意活动能力就会得到激发和提升。

原始创新是比较积极、前瞻性的创意和创造活动，寻找它的触发点，需要站在较高的判析点上，拥有较高的综合思维判断力才可达到。

珠宝首饰设计师的活力是通过其创意活动能力来体现的，而创意活动的过程既需要掌握一定的规律，又需要不断积累，并始终保持积极的思维活力，而最根本的是对创意的决心。

风车

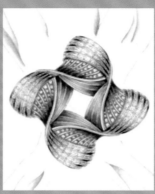
风车的首饰设计

果树

果树的首饰设计

几何图形

几何图形的首饰设计

凯旋门

凯旋门的首饰设计

我见青山多妩媚
——心中所想变为目中所见

　　每个珠宝首饰设计师都有一些设计梦想，也存在不少美妙思绪，在创作设计作品时会产生自己的理想，希望塑造出一个特别的"哈姆雷特"。这一情景犹如人们常说的：一千个人有一千个"哈姆雷特"。这既是设计师们的创作欲望，也是设计师们的创作结晶。

　　将心中所想变为目中所见，是一个思维向事实转化的过程，涉及思维的活动、思维的方式、思维的结果，以及表达的运用、表达的传递、表达的结果等形象思维、抽象思维（或逻辑思维）的科学规律。在这一过程中，每一步骤都会影响最终的实施效果，如何把控、衔接、转承、推断，是需要精心思索和运用的。

　　在珠宝首饰设计实践中，常会生出一种感叹：要将一个谁也无法知晓、无法描摹、无法形容的虚幻状态，变为一种触手可及、形象准确、真凭实感的现实状态，仿佛总有些不可思议。一旦找不到方法和规律就不能创作出心中的"哈姆雷特"，这也是不少珠宝首饰设计师难有成就的个中缘由之一。从客观原因来说，没有掌握一定的创作方法，拥有一定的运用规律，自然无从下手，也必然毫无结果。从主观原因来说，自身的思维能力不够，内心的支撑信念不强，自然软弱无力，也必然难有成果。

　　那怎样才能创作出心中的"哈姆雷特"呢？

　　第一，学习运用形象思维的方法。形象思维是指通过感官认识某一类事物的基本特征和主要性质，以区别其他事物，并能从部分事物的相互联系中找到普遍的或必然的联系，能推广到同类现象中去。它具有凭借事物的形象或表象进行联想或想象的特点，通过人对记忆表象进行分

　　将心中所想变为目中所见，是一个思维向事实转化的过程，涉及思维的活动、思维的方式、思维的结果，以及表达的运用、表达的传递、表达的结果等形象思维、抽象思维（或逻辑思维）的科学规律。在这一过程中，每一步骤都会影响最终的实施效果，如何把控、衔接、转承、推断，是需要精心思索和运用的。

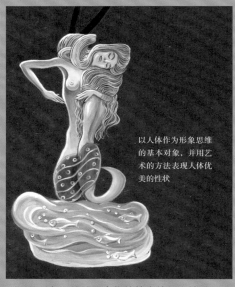

以人体作为形象思维
的基本对象，并用艺
术的方法表现人体优
美的性状

用形象思维认识事物的基本特征和性质

由圆联想出它们的组
合方式，并找到结合
的路径和表达方向

找到联想或想象的正确路径和方法

对玫瑰花进行联
想，将其想象成
简洁的线条状以
适合首饰的表达

提高联想或想象的质量

将复杂的树木改造
成优美的线形结
构，从而创造出新
的设计构想

提出改进设计的新构想

加强对联想或想象的思维深化

析综合、加工改造，从而形成新的表象。在珠宝首饰设计实践中，可以通过感官去认识已有的各类首饰及其他艺术作品，从中找到它们的基本特征和性状特点，将其中对设计有价值的内容应用于作品中；同时，发挥自己的联想与想象，对它们进行综合分析，改造设计成新的作品。在这个过程中，一定要抓住思维的几个关键点：发现基本特征和主要性质；找到相互可以联系的普遍性或必然性；运用联想或想象进行分析、整合。

第二，加强对联想或想象的思维深化。对于这一步骤，可能不少设计师会面临困难，一些缺乏实践经验，或者缺乏实践历练，没有相对积累的设计师，会出现联想简单化、想象贫乏化。要克服这一障碍，须学习一些优秀作品和优秀设计师的成果，通过借鉴来帮助训练自己的思维能力；同时，要不断实践、反复练习、积累经验，相信假以时日会得到提高的。此外，在开展这一思维过程中，要找到联想或想象的正确路径与方向。一些设计师因为路径的偏颇，造成联想不合理，想象不合情；或者因为方向的错误，落得联想不准确，想象不可信。对此，要不断总结、时常琢磨、缜密判断，经过适当的历练会逐步得到改善。

第三，提升分析整合的思维能力。在珠宝首饰设计实践中，需要对自己的联想或想象进行分析。当然，这种分析既是对正确与错误的辨别，也是对初步形成的联想或想象进行综合比较，以提高联想或想象的质量，并将较高质量的联想或想象提析出来，作为设计的重要内容，使新作品的呈现具有真正的落实基础。

第四，提出改进设计的新构想。除了原始创新设计外，其他的设计都是在已有的类型上进行再创作、再改造，以形成新的产品。对于这一步骤，要把握更新或改进的程度和力度，通常程度和力度是与产品的目标相关，创新程度高、力度大，那么更新或改进步伐就强劲些。掌握了这个关系便可以提出相应的设计新构想，形成设计的形象思维结果。

以上是形象思维运用于珠宝首饰设计的实践。但仅有形象思维还不足以完成全部的设计实践，要准确表达作品的形态、色彩、功能、工艺等内容，还必须运用相关的逻辑思维方法，以完美体现设计作品。与形象思维不同的是，逻辑思维借助于概念、判断、推理等思考方式，舍去

在珠宝首饰设计实践中，可以通过感官去认识已有的各类首饰及其他艺术作品，从中找到它们的基本特征和性状特点，将其中对设计有价值的内容应用于作品中；同时，发挥自己的联想与想象，对它们进行综合分析，改造设计成新的作品。

在开展这一思维过程中，要找到联想或想象的正确路径与方向。要不断总结、时常琢磨、缜密判断，经过适当的历练会逐步得到改善。

仅有形象思维还不足以完成全部的设计实践，要准确表达作品的形态、色彩、功能、工艺等内容，还必须运用相关的逻辑思维方法，以完美体现设计作品。

用昆虫概念设计首饰

用图形概念设计首饰

用吉祥概念设计首饰

事物的个别现象、偶然情况，反映事物的共同属性和内部联系，即事物的本质。在整个设计过程中，形象思维和逻辑思维的运用会出现某些交叉，甚至出现同步运用，但在不同的阶段和结点上应该有所侧重。

第一，运用概念对构想进行整理归纳。例如，把新构想列入时尚概念、仿古概念；抑或浪漫概念、象征概念等。在形成概念的过程中，有必要对先前构想时的内容进行联想，把曾经得到相同事物（产品）的特性、表征综合起来，提析出它们最本质的内容，即对概念进行确认和阐述。然后，将这些本质内容运用于新产品的设计中；同时，让更新或改进的设想融入其间，以形成新的设计概念。

第二，对所表达的概念与产品形态、色彩、功能、工艺进行分析、配置、具化。由于每类产品都有其自身的规律或规则，一旦进行更新或改进，就必须充分考虑是否会与它本身的规律或规则相矛盾。概念的表达要准确掌握其规律，例如，在表达珠宝手链时，产品的弧度、长度、柔软度要根据佩戴者的手腕而定，要分析新产品能否充分满足这些规律要求。又如，在贵金属色彩与珠宝色彩的配置上，对面、点、线色彩的比例运用，要通过分析、判断色彩规律，找到合理的表达方式。

第三，对所表达的概念做有效推理。不少设计师往往有较好的设计构想，但最后表达出的产品设计却不尽如人意，甚至有较明显的缺陷。这种状况与表达过程中没有很好地运用逻辑推理的思维方法有关，在概念表达时，一定要运用推理去分析新构想与产品间的逻辑关系。例如，在设计珠宝项链或项圈时，颈部的直径与产品的周长存在一定的关联，项链或项圈的弧度与佩戴者颈部的弧度存在密切的关系，要使它们之间形成合理状态，就必须按佩戴者的生理特性，推断产品的长度和弧度，否则既不美观，也不舒适。同样，在设计产品时要充分考量工艺的可行性，如高纯度的贵金属不宜镶嵌大颗粒的珠宝，过细的线条或过小的锐角不宜外扬，过薄的材料不能承受重力、弯曲或摩擦。掌握这些概念的规律，可以推理出合理的表达形式和方法，避免出现不合逻辑的思维结果。

第四，准确表达新构想的概念，呈现较完美的设计作品。通过运用形象思维与抽象思维或逻辑思维后，作品的概念已基本形成，将这些概

运用概念对构想进行整理归纳。例如，把新构想列入时尚概念、仿古概念；抑或浪漫概念、象征概念等。

对所表达的概念与产品形态、色彩、功能、工艺进行分析、配置、具化。由于每类产品都有其自身的规律或规则，一旦进行更新或改进，就必须充分考虑是否会与它本身的规律或规则相矛盾。

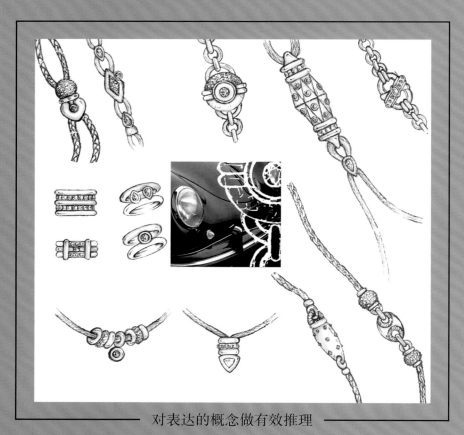

对表达的概念做有效推理

准确表达新构想的概念

念变成真实可见的产品设计稿，进入表达传递阶段。要形象、准确、清晰地展现新构想的设计图稿，必须按严格的思维表达要求实施。例如，图稿的透视、比例、尺寸、形状、色彩等都要完整、正确地描述出来，对于有特别要求之处，要用图例或文字注明。

　　离奇而美妙的设计旅程结束了，从这段旅程中，大家充分领略到由脑中所思变心中所想，最后成为目中所见的过程。通过极富想象和创造的思维活动，每个设计师都因不同的感悟和创意成就风采各异的"哈姆雷特"。经验表明，同样一片青山，同样一次旅行，每个人都会产生不一样的回忆和心得。我看青山多妩媚，你看青山多妖娆，即使同一景点，不同时间的行进，都会有不同的观感。同样，每一次的设计旅程，都会使你找到新的想象和创意，提升你的创造思维能力。

　　准确表达新构想的概念，呈现较完美的设计作品。通过运用形象思维与抽象思维或逻辑思维后，作品的概念已基本形成，将这些概念变成真实可见的产品设计稿，进入表达传递阶段。

陶瓷首饰

丝绸首饰

螺钿首饰

珐琅首饰

琉璃首饰

珠宝首饰设计的概念新

方略十六
绽放设计师的魅力

浓绿万枝红一点
—— 创造动人心弦的力作

所谓动人心弦，是能引起人们内心激动的感受；所谓力作，是有较强感染力的作品。要创作出这样的佳作，需要创作者具有较高的造诣和较深的功力。可能各个时期、各种作品、各类设计师的创作，会出现不一样的评判，但力作一定是出类拔萃的作品，是足以引发人们的好感，并成为较有影响力的作品。所有动人心弦的力作，始终具有一些共同的特征，现在就这些特征做些探讨，帮助大家在认识它们的过程中，将自己的感悟融汇其间，进而实现自己的创作目标。

纵览中外出色的珠宝首饰设计师及其作品，多具有概念新、题材好、构思巧、技艺高的特征。在设计实践中，提出并实现这些特征，无疑可提升作品的水准。

概念新。这里所说的概念，不是单指珠宝首饰已形成的固有概念，如各种红蓝宝石等珠宝材料，或戒指、项链等首饰种类，而是一个范围较广、程度较深的事物概念，如运用各类材质（包括并不珍贵，类似珠宝的材料）创造的作品，具有装缀（包括非佩戴于人体的）性状的饰物性作品等。随着人们对生活品质追求的提高，珠宝首饰的概念在不断扩展和延伸，如果一味固守传统概念，将阻碍珠宝首饰设计实践的进步和发展。珠宝首饰概念始终在不断更新与发展，从来未曾停止过前进的步伐，新的概念始终会伴随着进步而不断丰富。今天，不管是国际著名的珠宝首饰品牌，还是具有创新的新锐设计师，都在寻找和运用新的概念来创作各类珠宝首饰作品。西方的设计师在选用东方的材料和题材，东方的设计师在借鉴西方的形式和理念，不断创造出珠宝首饰新的概念。他们运用各种新艺术手法的表达，不断突破传统珠宝首饰的表达范畴，

所谓动人心弦，是能引起人们内心激动的感受；所谓力作，是有较强感染力的作品。要创作出这样的佳作，需要创作者具有较高的造诣和较深的功力。

纵览中外出色的珠宝首饰设计师及其作品，多具有概念新、题材好、构思巧、技艺高的特征。在设计实践中，提出并实现这些特征，无疑可提升作品的水准。

新的概念始终会伴随着进步而不断丰富。今天，不管是国际著名的珠宝首饰品牌，还是具有创新的新锐设计师，都在寻找和运用新的概念来创作各类珠宝首饰作品。

口红　　　　　　　　　　　　　　　　打火机

手机

花瓶　　　　眼镜　　　　　　书签　　　　　　　相框

手表

珠宝首饰设计的题材好

欧美的蒂芙尼采用东方的丝绸、琉璃、陶瓷等材料设计首饰；梵克雅宝采用珐琅、螺钿、皮革等材料设计产品；卡地亚采用中国的"龙"图形设计珠宝首饰。同时，东方的日本设计师运用珍珠、珊瑚创作西式的怀表、袖扣钮，用水晶、红木创作欧式酒具、餐具等实用品。此外，他们还采用珠宝首饰的装饰方法设计制造手机、书写笔、打火机。

概念新是珠宝首饰设计的重要认识，没有概念新就没有感受新，没有感受新就没有新的兴奋点，作品就没有生命力，也就谈不上动人心弦。对此，设计师要充分理解和认识新的概念特征，为创作出色佳作提供强有力的表达思维。

题材好。任何珠宝首饰创作设计的表达都需要有一定的题材，如果说概念是思维的运用，那么题材就是思维的内容，通过思维方法，结合思维内容，使思维得到真实的表达，从而实现设计的目标。题材好的作品应含意深刻、形态优异、格式精致、规律准确等。含意深刻是指题材所阐述的意义要力透纸背，即通过题材的阐发，将人们生活和心灵内在的意义发掘出来，引起感悟和共鸣，从而深深地打动心弦。形态优异是指题材所选取的形式，具有优雅、高尚、积极的感受。虽然客观存在的现象和事物都可以成为创作题材，但如果不懂得从中选取优异的形态表达，那就不属于设计，更不是优异的创作。珠宝首饰的设计创作固然来自生活，但必须高于生活，这是创作的意义和价值所在。格式精致是指题材所描述的内容要达到精美绝伦。格式是一种整体的布局、排列、配置的形式要求，它是对作品的细微描摹，是对作品的极致追求，从某种意义上讲，是设计师艺术观感的深度衡量。规律准确是指题材所涉含意、形式、内容等要合乎逻辑，不要违反思维规则及其表达法则，特别是不同文化理念的借鉴，或不同艺术形式的移用，要充分考量它们的积极作用，让题材清晰、完整、可接受。

题材好是珠宝首饰设计的关键认识，没有题材好犹如没有精彩的表现内容，没有精彩的表现内容就没有感人的力量，没有感人的力量，也就没有动人心弦的作品。对此，设计师要积极关注和寻找题材好的特征，为创作优秀作品提供上佳的表达内容。

构思巧。如果拥有了上佳的题材，而无法做出巧妙的构思安排，那

概念新是珠宝首饰设计的重要认识，没有概念新就没有感受新，没有感受新就没有新的兴奋点，作品就没有生命力，也就谈不上动人心弦。

任何珠宝首饰创作设计的表达都需要有一定的题材，如果说概念是思维的运用，那么题材就是思维的内容，通过思维方法，结合思维内容，使思维得到真实的表达，从而实现设计的目标。题材好的作品应含意深刻、形态优异、格式精致、规律准确等。

设计师要积极关注和寻找题材好的特征，为创作优秀作品提供上佳的表达内容。

格式精致

线条有序

用色典雅

形式优美

视角生动

质感丰富

珠宝首饰设计的构思巧

么就像烹饪时没有配好食材，做不出珍馐美馔一样。对珠宝首饰作品而言，构思是设计实践中具有艺术感、精巧感、生动感的创作行为，其结果可以令作品呈现优美或平常之分。构思巧的作品应排列有致、比例精巧、用色典雅、线条讲究；在整体上匹配得当、组序完善、视角生动、质感丰富，使人产生别具一格、精湛高雅的视觉感观。同一概念或同一题材，在不同的构思下，作品呈现的结果会大相径庭。通过比较一些杰出的珠宝首饰作品与平常的珠宝首饰作品，就可以清晰地发现它们之间的巨大差异；要是有机会参加珠宝首饰设计比赛，就更能了解这种差异的结果，比赛事实上就是角力题材和构思的优劣；在珠宝首饰市场上，同样可以感受到它们的强弱之差。珠宝首饰作品的构思是对整件作品进行谋划，其中既有对概念的深化作用，也有对题材的具化作用，更有对形象的塑造作用，若要创作出动人心弦的力作，精巧而绝妙的构思是成功实现的关键环节。

　　构思巧是珠宝首饰设计的深度认识，缺失构思巧就缺失完美的表现形式，缺失完美的表现形式就缺失美感欣赏的价值，缺失美感欣赏价值就缺失作品动人的影响力。对此，设计师要深入了解和运用构思巧的特征，为创作成功的杰作提供完美的表达形式。

　　技艺高。这里的技艺是指珠宝首饰作品制作加工的方式和方法。珠宝首饰的加工技艺既可称为生产性的技艺，也可称为创作性的技艺，它可以成为珠宝首饰作品的二度创作。一些技艺高超者可被誉为珠宝首饰大师，就此，不难理解技艺在珠宝首饰作品中的价值和作用。珠宝首饰的发展，除了设计在不断创新，同时，技艺也在不断进步，特别是那些制作大师的卓越造诣，为珠宝首饰历史写下了灿烂的篇章。技艺高的作品应该具有对材料的娴熟掌握，对结构的精到处置，对形态的臻美领悟，对制作的细微入理，对创作的别具一格。不少技艺高深的珠宝首饰制作大师，其制作和发明的作品及技术，给人留下了深刻的印象，从卡地亚的花豹胸针首饰，香奈儿的茶花系列首饰，宝格丽的蛇形首饰；到梵克雅宝的无边镶嵌首饰，蒂芙尼的微型镶嵌首饰，戴比尔斯的首饰钻石切磨，都是珠宝首饰历史上卓尔不凡的高水平珠宝首饰技艺力作，俨然是高技艺的教科书。纵然设计是珠宝首饰的重要创作之一，但制作同

　　对珠宝首饰作品而言，构思是设计实践中具有艺术感、精巧感、生动感的创作行为，其结果可以令作品呈现优美或平常之分。构思巧的作品应排列有致、比例精巧、用色典雅、线条讲究；在整体上匹配得当、组序完善、视角生动、质感丰富，使人产生别具一格、精湛高雅的视觉感观。

　　设计师要深入了解和运用构思巧的特征，为创作成功的杰作提供完美的表达形式。

结构精美绝伦

形态生动活泼

材料丰富多彩

创作别具一格

制作细微入理

珠宝首饰制作的技艺高

样是珠宝首饰不可或缺的创作行为，只有两者齐头并进才能成就出色的作品。设计师必须意识到这种紧密的相关性，自觉地配合、融入两者的创作过程，给予二度创作充分的空间，让创作不断走向新的高度，使作品达到至善至美的境地。

技艺高是珠宝首饰设计的高度认识，小看技艺的作用会导致作品设计的表达缺失，缺失的表达便无法完美呈现作品，不能完美呈现便无法塑造迷人的形象。对此，设计师要极其重视和吸纳技艺高的特征，为创作绮丽的力作提供有效的表达手法。

动人心弦的力作总能在众多的作品中脱颖而出，让人们在使用时，感受到其风采别具，情有独钟；在内心深处，感到叹为观止，情意绵长；在欣赏时，领略到独领风骚，典雅动人。这番境界无论对消费者，还是设计师都是梦寐以求的，特别是作为珠宝首饰设计师，更应将其视为追求的目标和理想。若要浓绿万枝红一点，就必须充分掌握、认识、理解"红一点"的特征，积极地运用智慧去展现它们，以绽放出"红一点"的魅力。

技艺高是珠宝首饰设计的高度认识，小看技艺的作用会导致作品设计的表达缺失，缺失的表达便无法完美呈现作品，不能完美呈现便无法塑造迷人的形象。对此，设计师要极其重视和吸纳技艺高的特征，为创作绮丽的力作提供有效的表达手法。

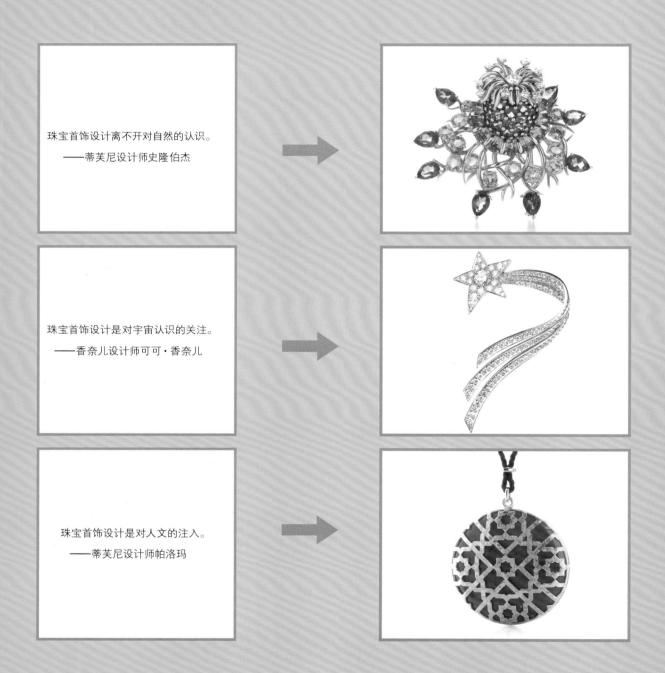

珠宝首饰设计离不开对自然的认识。
——蒂芙尼设计师史隆伯杰

珠宝首饰设计是对宇宙认识的关注。
——香奈儿设计师可可·香奈儿

珠宝首饰设计是对人文的注入。
——蒂芙尼设计师帕洛玛

思想型的设计师

读书万卷始通神
—— 成为思想型的设计师

    作为一种运用思维活动来认识和改变事物的行为——珠宝首饰设计实践，思想始终统领实践，我们虽然可以在不自觉、不深究的情况下，从事所谓的珠宝首饰设计，但思想始终影响着设计实践。

    今天，讨论一下珠宝首饰设计师的思想作用是非常有必要的，英国美学家鲍桑葵早在 20 世纪初就提醒到："我们现在已经达到一个人们可能要开始从严格的哲学角度来考虑审美现象的时刻了。一个美的形状和美的意境的世界已经诞生了。"哲学是人类的思维学科，它是发现和认识人类思想规律及其运用的科学工具，它可以帮助我们对审美之类的思想活动进行分析和提高。对于已经到来的"美的形态和美的意境的世界"，可以通过这些科学工具去发现和理解，让设计师从不自觉、不深究中走出来，使自己在审视珠宝首饰美的形态和美的意境方面，拥有深邃、犀利的目光，培养活跃、灵敏的思想，创造出理想的美态和美境来。

    首先，让我们梳理一下思维活动的基本规律：人类思维的第一步是从感知客观世界（感性认识）开始的，第二步是对感知的事物及现象进行理解、判断，以形成事物及现象的概念（理性认识）。从珠宝首饰设计的思维活动规律来讲，第一步是了解、认识珠宝首饰的产品及设计现象，懂得珠宝首饰的一些基本特征和设计的基本状况；第二步是对珠宝首饰的特征进行分析，形成一系列的概念，如戒指、项链、手镯的外观、尺寸、组合、构成等的认识，并知晓设计的思维方式，如对形态、规格、结构等的认识。创作是一个更加复杂的思维过程，只有具备这两步基础，才能开展较高层次的思维活动。

    在感性认识和理性认识的基础上，要进一步运用思维的其他规律及

作为一种运用思维活动来认识和改变事物的行为——珠宝首饰设计实践，思想始终统领实践，我们虽然可以在不自觉、不深究的情况下，从事所谓的珠宝首饰设计，但思想始终影响着设计实践。

从珠宝首饰设计的思维活动规律来讲，第一步是了解、认识珠宝首饰的产品及设计现象，懂得珠宝首饰的一些基本特征和设计的基本状况；第二步是对珠宝首饰的特征进行分析，形成一系列的概念，并知晓设计的思维方式。

大自然的材料

利用大自然的材料制成首饰

大自然的原石

利用原石设计制成首饰

掌握规律进行设计

掌握规律进行珠宝首饰设计

方法来解决创作中的各种问题，这是由于事物和现象不断在发生变化，认识和适应变化中的一切，需要设计师更强的思维能力。其中，最关键的是要认识和发现事物及现象的本质，只有真正发现和揭示事物及现象的本质，才能深刻理解事物及现象的内在规律，掌握了规律就掌握了灵魂，从而找到运用规律的方法，为解决问题提供钥匙，最终打开创作或创新的大门。

所有的规律都是在对已知事物及现象的认识基础上形成的，创作、创新固然不能无视这些规律，但也不能完全被这些规律束缚，否则就无法有所突破和进步。没有一成不变的规律，当新的突破可以更深刻地揭示事物及现象的本质时，就应用新的规律替代原有的规律。人类社会和客观世界的进步就是不断突破已有的规律而前行的。拿珠宝首饰设计来说，在创作、创新的时候，需要借助已有的规律，帮助我们不至于产生重大的认识错误。同时，在运用这些规律时不拘泥于此，还要突破性地建设新的规律，推进珠宝首饰及设计的发展。如在 20 世纪 80 年代，珠宝首饰的镶嵌基本依赖于手工操作，对于珠宝的颗粒大小要求是有一定极限的，因为根据当时的工艺技术，超过这种极限手工便无法完成，这个极限就成了重要规律之一。随着人们对珠宝首饰技艺创新的追求，运用突破的方法来解决这一极限的制约，发明了微型加工工具和技术，先是对宝石进行精微切磨，使珠宝的颗粒微小度超过了以往的范畴；然后又对镶嵌珠宝的设施进行改进，采用在大倍率放大镜下进行操作，达到过去二分之一，甚至三分之一的颗粒大小，这种被称为微镶珠宝技术，现已成了镶嵌技艺的新规律。

在创作设计珠宝首饰的过程中，各种思维活动往往是反复循环的，只是在创作设计过程中的不同环节，会运用到不同的思维活动形式及方法。世界上第一个发现首饰的人，一定是通过自己的观察，对大自然众多的事物进行认识和感知，从中进行比较、理解，产生了一些概念，形成了被称之为首饰的本质规律。它们包括具有一定的物质性，又有相对的形态特征，能够产生生理反应，甚至能够满足心理、情感等联想的事物；再通过判断、推理，最终选择了贝壳、牙骨、奇石等材料，而这些材质具有各种特别的造型与纹理，能够满足人类对于自身保护、装饰、

最关键的是要认识和发现事物及现象的本质，只有真正发现和揭示事物及现象的本质，才能深刻理解事物及现象的内在规律，掌握了规律就掌握了灵魂，从而找到运用规律的方法，为解决问题提供钥匙，最终打开创作或创新的大门。

所有的规律都是在对已知事物及现象的认识基础上形成的，创作、创新固然不能无视这些规律，但也不能完全被这些规律束缚，否则就无法有所突破和进步。

在创作设计珠宝首饰的过程中，各种思维活动往往是反复循环的，只是在创作设计过程中的不同环节，会运用到不同的思维活动形式及方法。

抽象首饰作品设计

具象首饰作品设计

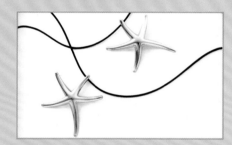

时尚首饰作品设计

趣味首饰作品设计

运用比较进行设计

运用比较创作设计各类珠宝首饰

活动的需要，甚至通过这些事物，产生强大、神圣、安全、愉悦等情感的想象，成为一种具有彰显人类意志和行为的象征物，佩戴在人体上，进行传播和表彰，由此，诞生了世界上第一批首饰。在完成了称之为首饰的本质及其规律的建立后，人类进一步展开思维活动，提升使用工具与技能，对自然形成的首饰进行改造；同时，运用智慧和想象改进这些规律，以更符合人类理想与意志的首饰，这便产生了首饰设计。在设计首饰时，人类对材料的认识不断进步，为使首饰更美观、更神圣、更显眼，开始采用一些稀少的、美艳的材质，即被称之为珠宝的物质，首饰由简陋的原始时代，进入到华丽的时代，于是又产生了珠宝首饰的设计。经过这种反复循环的思维活动，珠宝首饰不断开创出新的历史。

以上出现的几个思维现象是非常值得重视的，如比较、想象、判断、推理，这些思维的现象，正是设计师思想形成和实践的过程，是建立设计师完整设计认识及体系的重要构件。

比较是创作设计中经常运用的思维形式，它的作用是帮助设计师对纷繁众多的事物和现象进行选择时，能够获取有价值的目标。在比较时，要注意用什么标准、角度、理念作为取向来完成比较的过程。因为标准、角度、理念本身的形成就是一个思维广泛的活动，在没有完成它们的思维过程前，是很难真正完成比较的。因此，要不断地构建系统完善的思维体系，才能较好地开展创作设计实践。

想象是一种较高级的思维活动，它的作用是把已有的事物和现象联系或转化为另一个事物和现象，其思维的要求是解决联系或提升事物及现象的表达与表现，以扩展或延伸一个事物及现象的行为。但若思维活动受理解、见识、能力的制约，其质量显然是不高的。而理解、见识、能力的拥有，是需要相对时间与空间给予的，是需要另外一个思维活动过程去实现的。

判断也是时常遇到的思维形式，它是对获取的事物及现象进行断定的思维过程，以帮助人们得到肯定或否定的结果。没有判断便无法充分完成对事物及现象的正确解释和准确反映。在运用判断思维中，逻辑性是极其重要的，因为所有判断的根据必须合乎事物及现象的逻辑关系，如对设计实践中的某种肯定判断，就需要提供充足而正确的理由，以保

在设计首饰时，人类对材料的认识不断进步，为使首饰更美观、更神圣、更显眼，开始采用一些稀少的、美艳的材质，即被称之为珠宝的物质，首饰由简陋的原始时代，进入到华丽的时代，于是又产生了珠宝首饰的设计。

比较是创作设计中经常运用的思维形式，它的作用是帮助设计师对纷繁众多的事物和现象进行选择时，能够获取有价值的目标。

判断也是时常遇到的思维形式，它是对获取的事物及现象进行断定的思维过程，以帮助人们得到肯定或否定的结果。

关爱首饰作品设计　　　亲切首饰作品设计　　　休闲首饰作品设计　　　晚宴首饰作品设计

运用想象进行创作

运用想象创作设计各类珠宝首饰

证判断的结果可以成为肯定的依据。同样，对于某种否定判断，也需要提供足够的理由，做出对事物及现象的科学解释和反映。

推理同样是运用较多的思维形式，它是依据已知的经验及判断得到新的判断的思维过程，帮助人们在现有知识的前提下获得更多、更新的知识。无论在设计实践中，还是在认识其他事物及其现象时，推理的思维形式极具实用性。通过一定的概念及判断，用推理来得出需要的结果或结论。正确的推理可以得到正确的结果，不正确的推理会导致错误或无效的结论。由此，逻辑学指出：任何的结果都需要推理给予解决。

思想的形成除了运用正确的思维方法，更重要的是能够将其变为具有内核性、完整性、逻辑性的思维体系，对认识各种事物及其现象具有指导、解释、规划的作用与意义。下面再做些深入的探讨。

第一，形成珠宝首饰设计师设计实践的指导思想。从珠宝首饰设计师这一职业概念来论，它是以人们对生活的一种装饰追求为判断基础，设计师依据存在的现状去推理未来新的形式与内容，在推理的过程中运用想象或联想，还有设计师自身的经验、能力去建立推理方法，通过推理得出一定的结果，并将这种结果用某种形式给予表达。这是一个基本思维过程，但能否形成一种有内核性、完整性、逻辑性的思想，还需要对人们的装饰追求做深刻的本质判断。就珠宝首饰而言，它应该为某种重大的利益服务，而不是无聊的消遣。使用珠宝首饰者的利益可能是美的享受，也可能是人生的重大标志（如结婚、庆典等），也可能是对于物质的拥有（如财富的占有）。这些利益就是珠宝首饰作品表达的本质内容，设计师要正确判断人们想象中的利益实现，这取决于社会整体所达到的文化高度。例如，关于美的概念，生物学家达尔文曾说："对于文明的人，这样的感觉是与复杂的观念以及思想的进程联系在一起的。"又如，关于人性的概念，普列汉诺夫指出："人的本性使人能够有一定的概念（或是趣味，或是倾向），而他四周的条件决定着这个可能性转化为现实。"一旦拥有了这些清晰正确的判断，设计师就可以在推理时得到有效的、有逻辑的结果，也就形成了具有深刻性、完整性的指导思想。

第二，用指导思想来实现珠宝首饰设计的实践。应该说没有思想内容的艺术（珠宝首饰也是艺术的一种）作品是不存在的，但同时，并不

推理同样是运用较多的思维形式，它是依据已知的经验及判断得到新的判断的思维过程，帮助人们在现有知识的前提下获得更多、更新的知识。

思想的形成除了运用正确的思维方法，更重要的是能够将其变为具有内核性、完整性、逻辑性的思维体系，对认识各种事物及其现象具有指导、解释、规划的作用与意义。

设计师依据存在的现状去推理未来新的形式与内容，在推理的过程中运用想象或联想，还有设计师自身的经验、能力去建立推理方法，通过推理得出一定的结果，并将这种结果用某种形式给予表达。

运用判断进行创作

婚庆首饰作品设计　　　习俗首饰作品设计　　　古典首饰作品设计　　　现代首饰作品设计

运用判断创作设计各类珠宝首饰

是任何一种思想都可以作为艺术作品的基础，只有那种增进人与人之间交往，促进人与人进步的事物与现象，才能给予创作者真正的思想指导。对此，托尔斯泰曾说："艺术起源于一个人为了要把自己体验过的感情传达给别人，于是在自己心里重新唤起这种感情，并用某种外在的标志表达出来。"为了促进人际交往的积极、美好，设计师就要思考怎样达到这一目标。在文明社会里，积极、美好的事物及现象，都会与道德、宗教、信仰联系在一起，勤劳、忍耐、冷静、节俭、严谨的人性美德，对于促进人际和谐交往是极其有益的。同时，关爱、友善、宽容、亲切、进步的人类信仰，对于促进人际美好关系是非常重要的。如果运用这些道德和信仰作为设计实践的指导思想，通过设计师充分体验这种情感后，重新唤起它们且表达出来，那么，这种设计实践将具有良好的社会价值与艺术价值。

第三，理解进步的指导思想对于珠宝首饰设计实践的作用。无论是社会发展，还是珠宝首饰的发展，总是在不断进步的过程中实现的。因而人们的思想进步与发展速度及质量是密切相关的，每每进步的思想产生就会促进其健康而高质量的向前，反之则阻碍其进步。那什么是进步的思想呢？这是一个涉及社会学、伦理学、经济学、哲学的问题。在珠宝首饰业中，曾发生过这样一些事例：20世纪末期，出产钻石的非洲，种族纷争不断，内战四起，有的部落用钻石换取武器，使这种纷争加剧，在世界珠宝首饰市场，这种钻石一度被称为"带血的钻石"，有良知的人士认为这是不道德的消费行为，应该抵制以生命换取的钻石。经过行业的调查和商讨，决定杜绝这种"带血的钻石"交易，提出"金伯利计划"，明确表示不采购来自于战乱地区的钻石。几乎在同一时期，那些出产钻石、红蓝宝石的地区，因开采造成的环境污染，使当地的民众苦不堪言，向矿业主提出抗议，在世界珠宝首饰市场，形成抵制消费浪潮，促使矿业主和珠宝商承诺保护责任，拿出资金、制定法律来改善和修复被污染的环境。这些事例告诉我们，在发展珠宝首饰产业时，不要忘记自己所承担的伦理道德、社会责任感和环境保护的义务，不能以损害他人的利益和破坏大自然的生态，来满足所谓的珍贵、稀有的产品。我们认为这就是进步的思想，这种思想才能促进和保证珠宝首饰业

如果运用这些道德和信仰作为设计实践的指导思想，通过设计师充分体验这种情感后，重新唤起它们且表达出来，那么，这种设计实践将具有良好的社会价值与艺术价值。

在发展珠宝首饰产业时，不要忘记自己所承担的伦理道德、社会责任感和环境保护的义务，不能以损害他人的利益和破坏大自然的生态，来满足所谓的珍贵、稀有的产品。

东方宗教作品

西方宗教作品

豪华首饰作品

简约首饰作品

运用推理进行创作

运用推理创作设计各类珠宝首饰

健康、可持续的发展。

事实上，对于诸如此类的思想确立，是一个珠宝首饰设计师应有的职业操守和思想境界，我们提出要成为思想型的珠宝首饰设计师，就是希望大家能以正确的思维模式，形成有内核性、完整性、逻辑性的思维（思想）体系，拥有高尚、健康、完善的思维（思想）工具，去设计引导大众的消费行为，不要用落后的、低级趣味的设计去迎合人们的盲目追求，也不要用损害社会进步的、大肆挥霍资源的创作去引导大家的极端行为。例如，用所谓的发财、高价、增值、迷信的概念去设计创作珠宝首饰作品，或者用所谓的高纯度的、不可再生的、永恒性的材料去倡导珠宝首饰的创意。这种思想会误领大众走入奢靡、炫耀、攀比的歧途，从而造成珠宝首饰的发展落入不健康、不可持续发展的境地，最终背离社会、生活和谐与稳定的秩序。

要成为一名思想型的设计师，单是懂得设计的技法或程序是远远不够的。因为，思想是人类综合智慧的结晶，越是杰出的思想，越是独到的创造，越是需要广泛而深入地运用各种知识和方法。从珠宝首饰设计实践的思想建设和表达来说，将涉及社会学、心理学、哲学、宗教、美学、逻辑学、伦理学、历史学、考古学、经济学、工艺学、材料学等学科的知识与方法，领会和熟悉它们才能出色地解决珠宝首饰设计实践中的诸多问题，从而使自身进入一个完美绝妙的创作设计境地。

我们提出要成为思想型的珠宝首饰设计师，就是希望大家能以正确的思维模式，形成有内核性、完整性、逻辑性的思维（思想）体系，拥有高尚、健康、完善的思维（思想）工具，去设计引导大众的消费行为，不要用落后的、低级趣味的设计去迎合人们的盲目追求，也不要用损害社会进步的、大肆挥霍资源的创作去引导大家的极端行为。

要成为一名思想型的设计师，单是懂得设计的技法或程序是远远不够的。因为，思想是人类综合智慧的结晶，越是杰出的思想，越是独到的创造，越是需要广泛而深入地运用各种知识和方法。

跋

经历了一年半的写作和编图，终于完成了全稿。回首望去，就像一次探寻之旅，为了找到珠宝首饰设计的真正家园，从三十多年前入行，似乎已经踏上了寻归之路。一路上不断地在探索行进，期间先后撰写了《首饰知识200问》《珠宝首饰知识180问》《贵金属首饰手工制作工》《第一次买珠宝就上手》等著作。由珠宝首饰知识的认知开始，到珠宝首饰产品的制作，又进入珠宝首饰的买卖，一程一程地接近珠宝首饰设计。但即便如此，要真正抵达目的地，仍感到触不可及，因为珠宝首饰设计是该行业的至高境界，也是它的灵魂所在，它可以影响一个企业或一个品牌，还可以创造灿烂的历史，就此可知其门槛非同一般。与其得知不能轻易入内，不如放慢脚步，修身炼心，积累能量。为此历练了许久，几乎坐了十多年的"冷板凳"，对珠宝首饰设计进行研习，将几十年的从业经验、细细回顾、丝丝整理、绵绵分析，甚至将我们曾经学习过的文学、历史、心理学、逻辑学、艺术、哲学、宗教、美学、创造学等方面的学科知识，也重新温习了一遍，做了大量的笔记与提纲。还在出国参观访问途中，亲自踏访了那些国际著名的博物馆、珠宝首饰展；走访了一些著名品牌珠宝首饰商店；拜访了不少珠宝首饰设计师，让我们学习和领略到丰富的知识及经验。同时，通过参加国际、国内各类珠宝首饰设计比赛，先后获得几十个奖项，赢得了宝贵的信心。由此，积蓄了向珠宝首饰设计研究领域进发的力量，构建了完善中国珠宝首饰设计学科的理想，树立了对中国珠宝首饰产业贡献绵薄之力的理念，以此作为对职业生涯的总结与致敬。

当提笔著书之际，笔者的供职单位上海老凤祥股份有限公司创造了一项历史纪录，其珠宝首饰年销售金额超过了300亿元人民币，对存于斯、长于斯近四十年的我们甚感激昂，因为这一成绩表明中国珠宝首饰业已茁壮成长，也证明中国珠宝首饰业的发展空间极为广阔，更呈现出作为一个民族品牌"老凤祥"的强劲发展力量，尤其作为设计师的我们感到无比自豪，更坚定地肩负起为中国珠宝首饰设计进步的历史责任。该是进发的时候了，历史在催促我们，发展在推动我们，使我们著书立说的信念极其强烈，经过一年半的努力冲刺，诞生了这样一本为实现上述目标和任务的著作，终于抵达了珠宝首饰设计的家园。

在此过程中，特别要感恩给予我们完成这一历程的历史条件和社会进步，没有中国珠宝首饰业的繁荣，没有前辈们开创的产业基础，没有广大消费者的信赖，是不可能存在中国珠宝首饰设计的空间，也不可能具有珠宝首饰设计进步的需求，当然更不可能促使我们对珠宝首饰设计的研究。同时，还要感恩给予我们成长与进步的"老凤祥"品牌，因为这一国内声誉显赫的品牌，使其麾下聚集了众多珠宝首饰产业的菁华，从设计、工艺，到创作、运营都汇合了诸多精英，由那里产生的业态、成就的故事、发展的事例，赋予我们不可多得的启示和灵感。没有百多年珠宝首饰文化的积淀，没有无数能工巧匠经验的积累，没有几代引领者的传承，是不可能拥有丰盈的历史渊源，也不可能寻到珍贵的文化遗产，当然更不可能令我们站在甚高的产业基点上开展有价值的研习，从而走上探寻之路。

在本书的写作期间，笔者曾受到各方面人士的关照，如蒙《中国黄金报》的编辑、记者关心，在还未成书时，已先在该报的专栏上给予发表，并连续23期达4个月的登载，成为创刊以来连载时间最长的记录，对笔者信心的鼓舞，信息的传播，起到了较大的作用。又承上海科学技术出版社的厚爱，使得本书得以出版。另外，一些挚友在笔者的要求下，亲自拨冗审阅了我们的拙文，不吝提出中肯的建议，为改进和完善提供了极大的帮助。特别是上海东亚彩印有限公司、上海古斓品牌管理有限公司，在成书的过程中为本书的装帧设计、图文排版、版式设计等方面给予极大的帮助。而 LL 艺境创设在全书的设计风格确立、图文资料选取上做出了全局性的安排，使本书的整体视觉更为艺术化。由此，从文字表达、图片配置，到版式设计、书貌风格都纳入整体设计系统，使本书自身成为一件设计作品。对于他们这些关爱和支持，笔者深怀感激，由衷表示感谢。

最后，要感谢对于我们生命中至为重要的人士，她就是笔者的女儿，在我们几十年从业历程中，她给予我们前行的勇气，也给予我们努力的信心，在曾经的探寻途中，因为她的成长需要有标杆，于是我们只有不断进步，让她看见未来的前景；因为她的成熟需要有参照，于是我们只能不断争先，让她看到努力的价值。一路走来，她成了我们不敢懈怠的助跑器，也成了我们不断前进的推动器。正是她的陪伴和激励，不但成就了我们的作为，也促进了她自身的发展，在修读完研究生后，已顺利地踏上了自己的人生探寻之路。相信我们曾经彼此的召唤，相互的推进，可以实现各自的理想目标。为此，我们以本书作为见证，将此书献给女儿，感谢她的特殊贡献。

编　者

2015 年 3 月

本书的部分插图参考于以下珠宝品牌及文献

Cartier

Tiffany

Chopard

Bvlgari

Van Cleef & Arpels

Chanel

Dior

De Beers

Christofle

Montblanc

SIGNITY—gem visions

Calvin Klein

HRD AWARDS

CHAUMET

Masters Gemstones

Basic Wax Modeling

Diamond Design Portfolio

Jewelry Of The 1940s And 1950s

Suzanne Belperron

芭莎珠宝

中国宝石

北京文物精萃大系